高等职业教育装备制造大类专业新型活页式规划教材

钳工技术教学工作页

朱　楠　郑生智　葛茂昱　马　斌　编著

中国铁道出版社有限公司
CHINA RAILWAY PUBLISHING HOUSE CO., LTD.

内 容 简 介

全书共分为教学模块、实操训练模块、实操考核与解析模块、理论考核模块、作业模块五个部分,共设计了9个教学项目、3个训练项目、10个实操考核项目,并附2套实操考核试题、技术安全考核试题、作业题。

全书采用螺旋上升的训练模式,以简单载体-复杂载体-综合兴趣载体为阶梯递进,教学模块项目1~3为钳工基本操作训练,项目4~5为中等难度的钳工镶配内容,项目6~8为综合实训项目,适合不同学习阶段的学生使用。教学项目的设计依据行动导向教学模式,采用五步教学法,以导入—任务—行动—纠错—评价为主线,明确教学思路与工作流程,使教师的教与学生的学高度融合。实操训练模块附详细工艺图解,实操考核模块配置了操作步骤解析,大幅度降低了学生自学的难度,可以有效地帮助学生完成强化训练。23套作业满足学生课后学习的巩固需求。

本书是一本新型活页式教材,适合高职院校装备制造大类专业中机械类和非机械类专业钳工实训课程使用。

图书在版编目(CIP)数据

钳工技术教学工作页/朱楠等编著.—北京:
中国铁道出版社有限公司,2020.8(2024.1 重印)
高等职业教育装备制造大类专业新型活页式规划教材
ISBN 978 – 7 – 113 – 26980 – 7

Ⅰ.①钳… Ⅱ.①朱… Ⅲ.①钳工-高等职业教育-教材
Ⅳ.①TG9

中国版本图书馆 CIP 数据核字(2020)第 103016 号

书　　名:钳工技术教学工作页
作　　者:朱　楠　郑生智　葛茂昱　马　斌

策　　划:尹　鹏　何红艳　　　　　编辑部电话:(010)63560043
责任编辑:何红艳　钱　鹏
封面设计:刘　颖
责任校对:张玉华
责任印制:樊启鹏

出版发行:中国铁道出版社有限公司(100054,北京市西城区右安门西街8号)
网　　址:http://www.tdpress.com/51eds/
印　　刷:中煤(北京)印务有限公司
版　　次:2020 年 8 月第 1 版　2024 年 1 月第 2 次印刷
开　　本:787 mm×1 092 mm　1/16　印张:15.25　字数:372 千
书　　号:ISBN 978-7-113-26980-7
定　　价:49.80 元

版权所有　侵权必究

凡购买铁道版图书,如有印制质量问题,请与本社教材图书营销部联系调换。电话:(010) 63550836
打击盗版举报电话:(010) 63549461

序

自 2016 年 1 月起，吉林电子信息职业技术学院对"钳工技术"课程进行了基于"学生中心、行动导向、能力本位"的系统性的教学内容设计和教学模式改革实践，基于教学实践成果完成了活页式《钳工技术教学工作页》教材编写。

本书的教学内容设计是在微组织教学模式"教与学"的行动逻辑指导下完成的。微组织教学模式是行动导向教学具体实施中运用的一个具体化方法，由教学情境导入、任务发布、任务实施、检查纠错、结果评价五个环节构成，其本质特征是：针对问题，师生之间建立即时反馈系统。要求教师具有对问题察之入微的敏感性，针对每个问题做出"即时反馈"。微组织教学模式实施过程中要求对任何一个知识点、技能点均做到"一点一讲一练一确认"。

"微组织"有两个含义，一个是教学任务之微，另一个是教学实施组织之微。微组织教学模式的精髓是对任何一个学习者的任何一个教学环节、任何一个问题均持续行动、纠错、结果确认。微组织教学模式实施过程中的五个关键要素为：谁（学习者）、问题（学习的内容）、标准（正确行动或者正确结果的标准）、过程（学习者的学习过程）、结果（依据标准确认结果是否正确，如不正确，采取各种方式纠错）。微组织教学模式的主要驱动力是教师的引导，而非任务，亦非项目的引导，是在教师的推动下，以工作页为抓手，师生一同行动实现的"知识、能力和素质"一体化生长。本教学工作页在教学实施中充分体现了教师教和学生学的逻辑关系，符合教学的认知规律。

希望本书能够为钳工教学工作提供借鉴。

戚文革

2020 年 3 月 14 日

前　言

党的二十大报告指出："坚持把发展经济的着力点放在实体经济上，推进新型工业化，加快建设制造强国、质量强国、航天强国、交通强国、网络强国、数字中国。实施产业基础再造工程和重大技术装备攻关工程，支持专精特新企业发展，推动制造业高端化、智能化、绿色化发展。""加快建设国家战略人才力量，努力培养造就更多大师、战略科学家、一流科技领军人才和创新团队、青年科技人才、卓越工程师、大国工匠、高技能人才。"

针对目前装备制造业钳工技术人才紧缺的现状和高等职业院校钳工技术技能型人才培养可持续发展的要求，《钳工技术教学工作页》围绕高职机械类和非机械类专业钳工技术实训课程的教学改革，结合新型活页式教材的研发要求，以理论与实践相结合为原则，注重学生综合应用能力培养，将钳工理论内容进行应用化处理并与实践内容相互转化，形成理实一体相互促进的风格。本书在编写过程中，参照部分机械设计与制造类专业标准、钳工技术课程教学标准、钳工技能等级标准，综合考量实训项目难易程度、覆盖广度等问题，汲取了生产实践典型实例，将钳工技术课程内容进行了解构与重构，使学生在掌握钳工基本理论与基本操作技能的同时，得到全面系统的技能强化训练及综合训练。

本书主要有以下特点：

1. 突出职教特色，遵循技术技能人才成长规律，理论知识传授与技术技能培养并重，强化学生职业素养养成和专业技术积累。明确教学目标，注重钳工基本功的训练，通过接触金属，使用工具，了解工艺，逐步培养学生独立分析问题和解决问题的能力。

2. "教与学同步进行"是全书编写的基本思想，书中将教师教学方案、学生笔记、学生作业、练习、考核集为一体，以项目导向、任务驱动为创作基础，是行动导向教学模式的细化和落实，亦是模块教学的体现。

3. 书中各项目的选取力求与实际生产相接轨。导入—任务—行动—纠错—评价的教学过程融合实际生产过程识读图纸-项目分析-制定工艺-分工行动-质量检验的各个环节，是教学过程对接生产过程的实际体现。在各阶段的考核方案均不相同又各有侧重，融入职业素养的多元评价可以为学习过程中的学生们起到很好的引领作用。

4. 书中加入了差异教学的内容，用以弥补实训课程进度参差不齐的情况。部分内容设计留白，引导学生学中做，做中觉。活页中设置了讨论记录区域，着重培养学生合作能力、思考能力、制定工作过程的决策能力，为后续制造类课程的学习奠定了基础。

5. 全书文字精练，图例丰富，解析图例配有三维图示，增强了直观性，便于学生的实际使用与理解。

本书由吉林电子信息职业技术学院朱楠、郑生智、葛茂昱、马斌编著，全书共分为五个部分，具体编写分工如下：朱楠编写教学模块项目1、项目2、项目6，实操考核与解析模块；郑生智编写教学模块项目7、实操训练模块；葛茂昱编写教学模块项目5、项目8、理论考核模块；马斌负责教学模块项目3、项目4、作业模块的编写。全书由朱楠统稿。

在编写过程中，尽管我们尽心尽力，但由于水平所限，书中存在不妥之处在所难免，恳请广大读者批评指正并将意见或建议反馈至 E-mail：zhunan1210@126.com，谢谢。

编　者
2024 年 1 月

目 录

CONTENTS

第一部分 教学模块

第二部分　实操训练模块

第三部分　实操考核与解析模块

第四部分　理论考核模块

第五部分　作 业 模 块

第一部分　教学模块

工作页	项目0　钳工第一课 任务1　学习工匠精神	姓名：	班级：
	学习领域：钳工技术	学号：	日期：

🖥️🌐 教学目标

（1）了解国家对于技能型人才的重视与需要。

（2）以"中国有我、我有中国"为主题引入大国工匠精神，观看大国工匠相关视频，树榜样，说明职业精神对于职业生涯的重要性。

（3）说明课程要求，明确四个意识，明晰考核要求，建立工作信心，钳工学习并不轻松，需加倍努力方可学得一身本领。

🧭 导入

社会主义核心价值观：

富强民主，文明和谐——国家层面；

自由平等，公正法制——社会层面；

爱国敬业，诚信友善——个人层面；

从国家、社会和个人三个层面深刻理解中国制造、民族复兴。

🎧 任务

（1）完成钳工课程思政教育。

（2）说明课程要求。

（3）完成安全教育。

🖥️ 行动

1. 思政教育

◎ 树榜样：大国工匠，敬业与创新——钳工管延安、钳工顾秋亮；

◎ 工匠精神：用技能报国的理想塑造自己的工匠人生；

◎ 工匠精神的现实意义：不惜花费时间精力，孜孜不倦，反复改进手工打造的零部件，力求每一件作品精益求精，这就是工匠精神；

◎ 建立公约：签订承诺书。

2. 课程要求

◎ 四个意识：成品意识、成本意识、规矩意识、合作意识。

◎ 考核要求：横向覆盖、纵向深入。

◎ 课程整体要求：一天一早会、一天一作业、一面一记录、一周一总结、一周一考评。

◎ 课程组织要求：上课准备、上课仪式、课程实施、下课准备、下课仪式。

3. 安全教育

◎ 安全事故案例说明与分析。

◎ 解读钳工实训室安全管理规程。

◎ 钳工一般知识。

◎ 现场 5S 管理要求。

◎ 指定工位、分发工具、毛坯料检测、个人及区域 5S 整理。

时间安排：4 学时

工作页	项目 0 钳工第一课 任务 2 安全教育	姓名：	班级：
	学习领域：钳工技术	学号：	日期：

🖥 教学目标

（1）安全事故案例说明与分析。

（2）严格遵守钳工实训室管理规定。

（3）掌握钳工各项安全操作规程。

🔌 导入

（1）工地的施工现场为什么要求戴安全帽？

（2）焊接的时候为什么要戴面罩？

🎧 任务

学习钳工在操作过程中的安全规范。

🖱 行动

（请在方格内书写规范字，要求横平竖直，不能出格，注意标点符号的使用。）

（1）请根据以图 1-0-1～图 1-0-6 判断钳工工作过程中有哪些注意事项？

图 1-0-1

图 1-0-2

图 1-0-3

图 1-0-4

图 1-0-5

图 1-0-6

图 1-0-1											
图 1-0-2											
图 1-0-3											
图 1-0-4											
图 1-0-5											
图 1-0-6											

（2）请查找资料补充钳工实训安全操作规程。

①											
②											
③											
④											

（3）请对比图 1-0-7、图 1-0-8，指出危险并预知图中的危险之处。

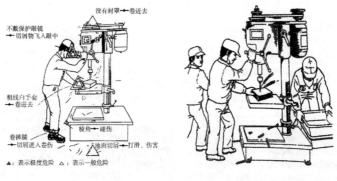

图 1-0-7　　　　　　图 1-0-8

①											
②											
③											
④											
⑤											
⑥											

工作页	项目0 钳工第一课 任务3 了解钳工一般知识与5S	姓名：	班级：
	学习领域：钳工技术	学号：	日期：

　　我们即将进入钳工一般知识的学习，请通过个人学习、小组讨论、信息查找等方法，并结合工作页完成以下学习任务。

教学目标

（1）掌握钳工的定义与作用。

（2）掌握钳工的操作内容。

（3）掌握5S的含义与内容。

导入

（请在方格内书写规范字，要求横平竖直，不能出格，注意标点符号的使用。）

（1）图1-0-9～图1-0-12中列举了几种常见手工作品，请问手动加工的特点是什么？

图 1-0-9

图 1-0-10

图 1-0-11

图 1-0-12

（2）在机械加工行业中手动加工的工种称为钳工，请大家思考在工业机械化快速发展的今天，为什么还要保留手动加工工种呢？

任务

（1）了解什么是钳工。

（2）掌握钳工都能干些什么。

（3）掌握 5S 的含义与内容。

行动

（1）请查找资料，抄写钳工的定义，了解钳工的作用。

＊＊随着工业的发展，在《国家职业标准》中还对钳工做了比较细的分工。

（2）请大家查找资料了解钳工的种类与工作内容。

①														
②														
③														

＊＊无论是哪一种钳工，要想完成好本职工作，首先应该掌握钳工的基础操作技能。

（3）请将钳工的基本操作①划线；②锯削；③錾削；④锉削；⑤钻孔、扩孔、铰孔；⑥攻螺纹；⑦刮削；⑧套螺纹；⑨研磨的序号及名称分别填至对应示意图形（图 1-0-13 ~ 图 1-0-21）下方的表格中。

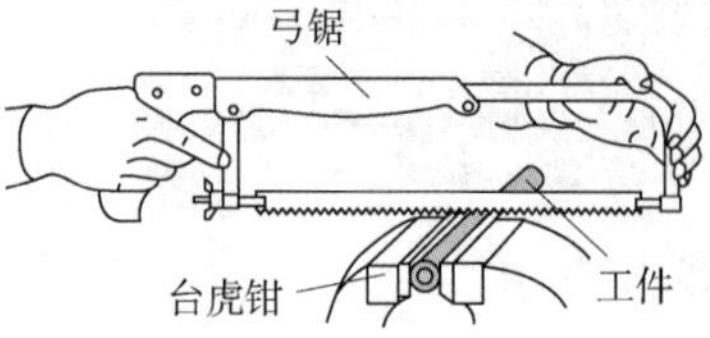

图 1-0-13 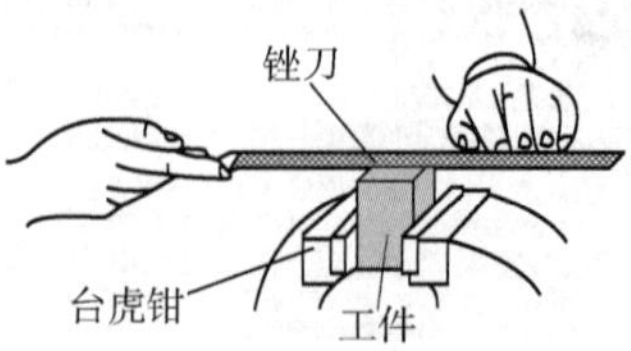　　　　　　　图 1-0-14 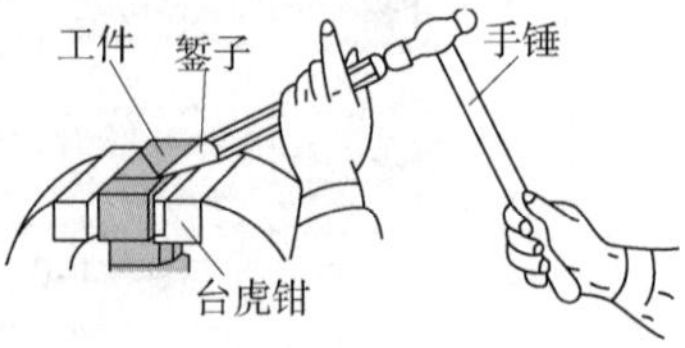　　　　　　　图 1-0-15

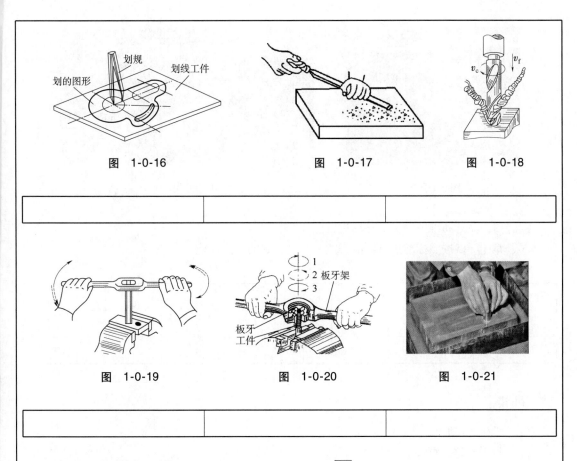

图 1-0-16 　　　　　　　　图 1-0-17 　　　　　　　　图 1-0-18

图 1-0-19 　　　　　　　　图 1-0-20 　　　　　　　　图 1-0-21

√评价：满分 9 分，答对一题得 1 分，您的得分是 □。

（4）5S 的内容。

①整理：区分有用的和无用的，有用的归位，无用的丢弃或指定地点留存。

②整顿：把必需的物品加以定位、定量、标示，置于随时都能够取出的状态，省时省事，如图 1-0-22 所示。

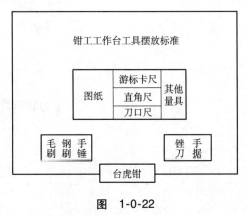

图 1-0-22

③清洁：清理工位，清洁桌面和地面，如图 1-0-23、图 1-0-24 所示。

图 1-0-23   图 1-0-24

④清扫：保持和维护清洁的环境进行。

⑤素养：严格按照标准进行物品摆放，营造良好的工作环境。

（5）5S 的含义与目的。

①														
②														
③														

纠错

（1）学生 5S 演示。

（2）教师纠错，点评。

评价

1. 自我评价

☐熟读并理解钳工安全操作规程   ☐对钳工安全操作规程了解一点

☐掌握钳工的工作内容   ☐对于钳工的工作内容了解一点

☐掌握 5S 管理标准   ☐对 5S 管理标准了解一点

☐工作页已完成并提交   ☐工作页未完成   原因：_____

2. 教师评价

（1）工作页

☐已完成并提交

☐未完成   *学习我们是认真的！！*

未完成原因：_____

（2）5S 评价

☐工具摆放整齐   ☐工位清理干净   ☐安全生产

教师签字：   日期：

工作页	项目1 方形垫片钳加工 任务1 了解常用材料与夹具	姓名：	班级：
	学习领域：钳工技术	学号：	日期：

我们即将进入钳工基本技能训练的学习，请您通过个人学习、小组讨论、信息查找等方法，并结合工作页完成以下学习任务。

教学目标

（1）初步理解工艺与工序。

（2）掌握形位公差与尺寸偏差的加工含义。

（3）掌握台虎钳的结构、使用方法与夹持要求。

导入

（1）金属垫片（见图1-1-1、图1-1-2）的用途：用于电子仪器，模具制造，精密机械，五金零件，机械零件，冲压件，小五金制造。

（2）模具维修，模具测量间隙和因机械老化时出现晃动、摇摆及不稳定现象时，可使用金属垫片来解决机台维修问题。

（3）法兰连接中的密封作用也是金属垫片的一个很大的用途。

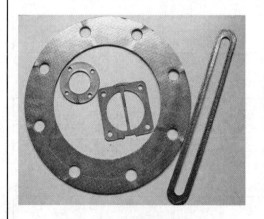

图1-1-1 金属垫片（1）

图1-1-2 金属垫片（2）

任务

按技术要求完成矩形垫片（见图1-1-3）钳加工。

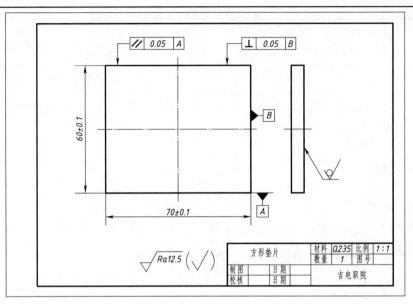

图 1-1-3　矩形垫片

 行动

1. 读图

明确图样（见图 1-1-3）中各个零件尺寸要求及形位公差要求。

（1）请说明零件图中所标注的形位公差的含义。

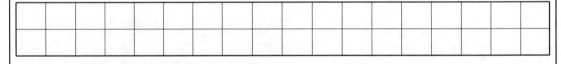

（2）请说明零件图中所标注的尺寸公差的含义。

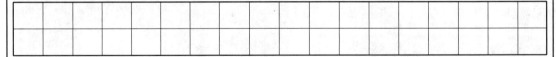

2. 请说明工序与工艺的概念

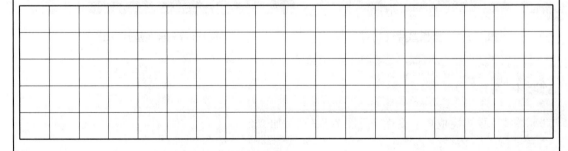

＊＊请大家思考，矩形垫片在加工过程中应该采用怎样的工艺才能保证加工的质量呢？

3. 常用金属材料

（1）45号钢——优质碳素结构钢，是最常用的中碳调质钢。

主要特征： 最常用中碳调质钢，综合力学性能良好，淬透性低，水淬时易生裂纹。小型件宜采用调质处理，大型件宜采用正火处理。

应用举例： 主要用于制造强度高的运动件，如透平机叶轮、压缩机活塞、轴、齿轮、齿条、蜗杆等。焊接件注意焊前预热，焊后消除应力退火。

（2）Q235A（A3钢）——最常用的碳素结构钢。

主要特征： 具有较高的塑性、韧性和焊接性能、冷冲压性能，以及一定的强度、较好的冷弯性能。

应用举例： 广泛用于一般要求的零件和焊接结构，如受力不大的拉杆、连杆、销、轴、螺钉、螺母、套圈、支架、机座、建筑结构、桥梁等。

（3）40Cr——使用最广泛的钢种之一，属合金结构钢。

主要特征： 经调质处理后，具有良好的综合力学性能、低温冲击韧度极低的缺口敏感性，淬透性良好，油冷时可得到较高的疲劳强度，水冷时复杂形状的零件易产生裂纹，冷弯塑性中等，回火或调质后切削加工性好，但焊接性不好，易产生裂纹，焊前应预热到100～150℃，一般在调质状态下使用，还可以进行碳氮共渗和高频表面淬火处理。

应用举例： 调质处理后用于制造中速、中载的零件，如机床齿轮、轴、蜗杆、花键轴、顶针套等；调质并高频表面淬火后用于制造表面高硬度、耐磨的零件，如齿轮、轴、主轴、曲轴、心轴、套筒、销子、连杆、螺钉螺母、进气阀等；经淬火及中温回火后用于制造重载、中速冲击的零件，如油泵转子、滑块、齿轮、主轴、套环等；经淬火及低温回火后用于制造重载、低冲击、耐磨的零件，如蜗杆、主轴、轴、套环等；碳氮共渗处理后制造尺寸较大、低温冲击韧度较高的传动零件，如轴、齿轮等。

（4）HT150——灰铸铁。

应用举例： 齿轮箱体，机床床身，箱体，液压缸，泵体，阀体，飞轮，气缸盖，带轮，轴承盖等。

（5）35号钢——各种标准件、紧固件的常用材料。

主要特征： 强度适当，塑性较好，冷塑性高，焊接性尚可。冷态下可局部镦粗和拉丝。淬透性低，可正火或调质后使用。

应用举例： 适于制造小截面零件，可承受较大载荷的零件。如曲轴、杠杆、连杆、钩环等，各种标准件、紧固件。

（6）65Mn——常用的弹簧钢。

应用举例： 小尺寸各种扁、圆弹簧，座垫弹簧，弹簧发条，也可制作弹簧环、气门簧、离合器簧片、制动弹簧、冷卷螺旋弹簧、卡簧等。

（7）06Cr19Nw10——最常用的不锈钢（美国钢号304，日本钢号SUS304）。

特性和应用：作为不锈耐热钢使用最广泛，如食品用设备、一般化工设备、原子能工业用设备。

4. 认识台虎钳

请根据老师的讲解，将台虎钳的各部分名称填至指定方框中，如图1-1-4所示。

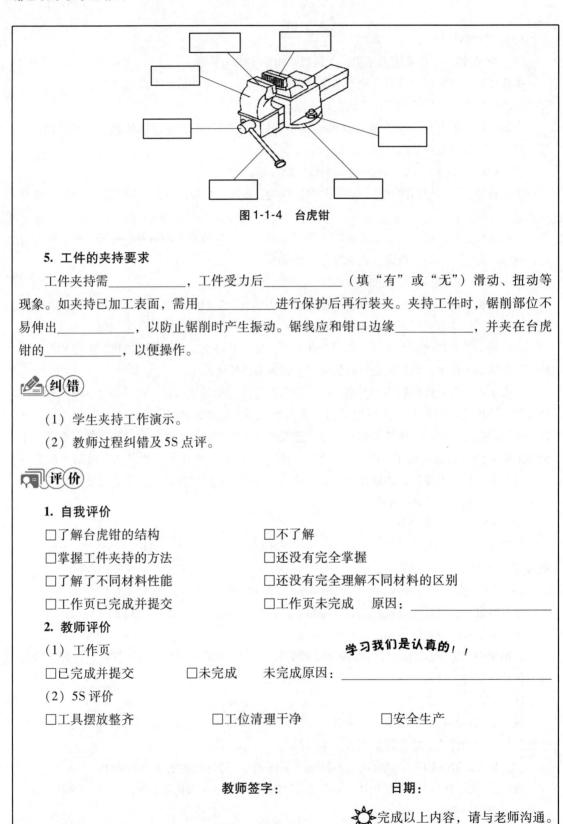

图 1-1-4 台虎钳

5. 工件的夹持要求

工件夹持需_____，工件受力后_____（填"有"或"无"）滑动、扭动等现象。如夹持已加工表面，需用_____进行保护后再行装夹。夹持工件时，锯削部位不易伸出_____，以防止锯削时产生振动。锯线应和钳口边缘_____，并夹在台虎钳的_____，以便操作。

✏️ 纠错

（1）学生夹持工作演示。
（2）教师过程纠错及 5S 点评。

🖼️ 评价

1. 自我评价

☐了解台虎钳的结构　　　　　　☐不了解
☐掌握工件夹持的方法　　　　　　☐还没有完全掌握
☐了解了不同材料性能　　　　　　☐还没有完全理解不同材料的区别
☐工作页已完成并提交　　　　　　☐工作页未完成　　原因：_____

2. 教师评价

（1）工作页　　　　　　　　　　　**学习我们是认真的！！**

☐已完成并提交　　☐未完成　　未完成原因：_____

（2）5S 评价

☐工具摆放整齐　　　　　☐工位清理干净　　　　　☐安全生产

教师签字：　　　　　　　　　日期：

☀️完成以上内容，请与老师沟通。

工作页	项目 1　方形垫片钳加工 任务 2　基准面 A、B 锉削加工	姓名：	班级：
	学习领域：钳工技术	学号：	日期：

🌐 教学目标

（1）熟悉锉刀的种类。

（2）掌握锉刀的使用方法。

（3）掌握锉削的姿势与基本方法。

（4）掌握刀口直角尺的检测方法。

导入

生活中有很多锉削的小应用，你能结合图 1-1-5、图 1-1-6 所示工具说一说锉削的具体作用吗？

图 1-1-5　工具（1）

图 1-1-6　工具（2）

任务

☆☆学习钳工从来就不是一件简单的事情

完成两垂直基准面的锉削加工及检测。

行动

1. 认识锉刀

认识锉刀，以常用平锉为例，如图 1-1-7 所示。

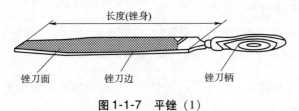

长度(锉身)

锉刀面　　锉刀边　　锉刀柄

图 1-1-7　平锉（1）

2. 锉削的准备工作

（1）请在下列方格内书写锉刀的名称，并将各类锉刀的应用进行对应连线。

（2）请仔细观察图 1-1-8 中大小不同的平锉，试说明粗齿、中齿及细齿锉刀的应用场合。

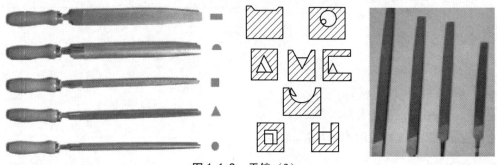

图 1-1-8　平锉（2）

图　1-1-8

（3）本任务你打算选择什么规格的锉刀来进行锉削？

3. 开始锉削

（1）锉刀的握法，如图 1-1-9 所示：右手握锉柄，将圆头端顶在_____，大拇指压在锉刀柄的_____，自然伸直，其余四指向手心弯曲紧握锉刀柄，左手压在锉刀的_____，保持锉刀水平。使用不同大小的锉刀，有不同的_____及施力方式。

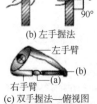

(a) 右手握法　(c) 双手握法—俯视图　(d) 大型锉刀的握法　(e) 中型锉刀的握法　(f) 小型锉刀的握法

图 1-1-9　锉削方法

（2）锉削的姿势，如图 1-1-10 所示：锉削的姿势与锯削的姿势基本相同，请严格按照图示方法进行练习。

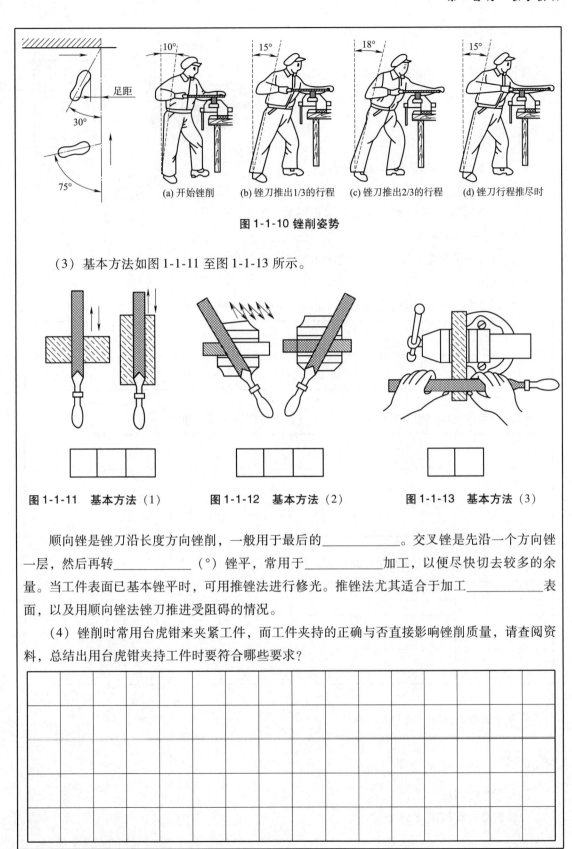

图 1-1-10 锉削姿势

（3）基本方法如图 1-1-11 至图 1-1-13 所示。

图 1-1-11　基本方法（1）　　　图 1-1-12　基本方法（2）　　　图 1-1-13　基本方法（3）

顺向锉是锉刀沿长度方向锉削，一般用于最后的_____。交叉锉是先沿一个方向锉一层，然后再转_____（°）锉平，常用于_____加工，以便尽快切去较多的余量。当工件表面已基本锉平时，可用推锉法进行修光。推锉法尤其适合于加工_____表面，以及用顺向锉法锉刀推进受阻碍的情况。

（4）锉削时常用台虎钳来夹紧工件，而工件夹持的正确与否直接影响锉削质量，请查阅资料，总结出用台虎钳夹持工件时要符合哪些要求？

4. 质量检验

工件的直线度、平面度可用刀口尺根据是否
_____来检查，如图 1-1-14 所示。

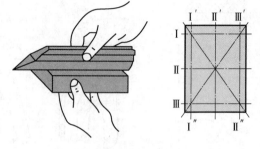

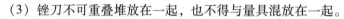

图 1-1-14　刀口尺检测

温馨提示

（1）清除锉齿中的锉屑时，应用钢丝刷顺着
齿纹刷拭，不得敲拍锉刀去屑。

（2）务必使用毛刷经常清除加工表面的铁
屑，不能用手擦或用嘴吹。

（3）锉刀不可重叠堆放在一起，也不得与量具混放在一起。

5. 问题分析

（1）请思考加工过程中如何保证加工面与已加工表面的垂直度？

（2）如果再次接到相似的任务，在加工过程中你将注意哪些事项？

（3）在工作过程中你遇到了哪些问题，是如何解决的？

完成以上内容，请与老师沟通。

纠错

（1）学生锉削加工演示。

（2）教师过程纠错及 5S 点评。

评价

1. 自我评价

□了解锉刀的种类　　　　　　　　□不了解

□掌握锉刀的使用方法　　　　　　□还没有完全掌握锉刀的使用方法

□熟悉锉削的方法　　　　　　　　□还没有完全掌握锉削的方法，怎么锉都锉不平

□工作页已完成并提交　　　　　　□工作页未完成　原因：＿＿＿＿＿＿＿＿＿＿＿

2. 教师评价

（1）工作页

□已完成并提交　　　　□未完成　未完成原因：＿＿＿＿＿＿＿＿＿＿＿

（2）工件

□已完成并提交

□未完成　未完成的原因：＿＿＿＿＿＿＿＿＿＿＿　　　学习我们是认真的！！

（3）5S 评价

□工具摆放整齐　　　　□工位清理干净　　　　□安全生产

教师签字：　　　　　　　　日期：

工作页	项目1　方形垫片钳加工 任务3　划线	姓名：	班级：
	学习领域：钳工技术	学号：	日期：

教学目标

（1）掌握划线的种类与使用方法。

（2）掌握游标高度尺的使用方法。

导入

（1）划线：根据图样和技术要求，在毛坯或半成品上用划线工具画出加工界线，或划出作为基准的点、线的操作过程称为划线。其作用为划出加工所需要的基准和加工界限，检验毛坯是否合格，分配各面加工余量。

（2）平面划线：只需要在工件一个表面上划线即能明确表明加工界限的，称为平面划线。

（3）立体划线：需要在工件几个互成不同角度（一般是互相垂直）的表面上划线，才能明确表明加工界限的，称为立体划线，如图1-1-15所示。

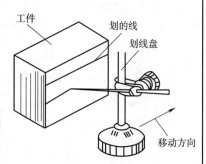

图1-1-15　立体划线

任务

以两垂直基准面为基准按图纸完成工件划线。

行动

（1）认识划线工具：请将下列图形与对应的名称及作用进行连线。

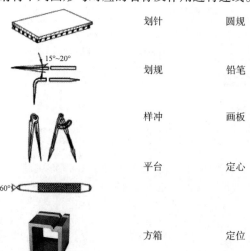

划针	圆规
划规	铅笔
样冲	画板
平台	定心
方箱	定位

＊＊每线1分，共10分，你得了_____分。

（2）认识游标高度尺，填写图1-1-16各部分名称。

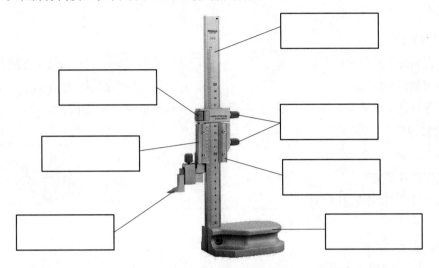

图1-1-16　游标高度尺

应用游标高度尺划线时，调好划线高度，将_____与高度线对齐，用_____把尺框锁紧后，也应在平台上进行先调整再划线。

（3）直角尺的使用方法，如图1-1-17所示。

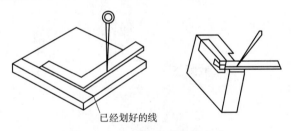

已经划好的线

图1-1-17　直角尺的使用方法

🔊(温)(馨)(提)(示)

（1）对划线的基本要求是线条清晰匀称，定型、定位尺寸准确。

（2）由于划线的线条有一定宽度，一般要求精度达到0.25～0.5 mm。

（3）应当注意，工件的加工精度不能完全由划线确定，而应该在加工过程中通过测量来保证。锉削时切忌按线加工，"线"是零件外形加工界限的参考线，实际加工时务必以实际测量为准。

（4）划线结束后，应使用量具确认划线的准确性。

✏️(纠)(错)

（1）学生划线演示。

（2）教师过程纠错及 6S 点评。

评价

1. 自我评价

□掌握划线工具的使用方法　　　　□还没有掌握划线工具的使用方法

□掌握划线的方法　　　　　　　　□还没有完全掌握划线的方法

□工作页已完成并提交　　　　　　□工作页未完成　原因：＿＿＿＿＿＿＿＿

2. 教师评价

（1）工作页

□已完成并提交

□未完成　未完成原因：＿＿＿＿＿＿＿＿＿＿＿＿＿＿＿＿＿＿＿

（2）工件

□已完成划线并提交

□未完成　未完成的原因：＿＿＿＿＿＿＿＿＿＿＿　　学习我们是认真的！！

＿＿＿＿＿＿＿＿＿＿＿＿＿＿＿＿＿＿＿＿＿

（3）5S 评价

□工具摆放整齐　　　□工位清理干净　　　□台虎钳钳口闭合　　　□安全生产

教师签字：　　　　　　　　　日期：

工作页	项目1　方形垫片钳加工 任务4　锯削加工	姓名：	班级：
	学习领域：钳工技术	学号：	日期：

教学目标

（1）掌握锯条安装方法。

（2）掌握锯削姿势与锯弓握法。

（3）掌握起锯方法与锯削加工方法。

导入

请比较图1-1-18~图1-1-20所示三种手锯有何不同？

 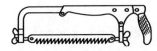 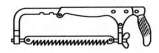

图1-1-18　手锯（1）　　　图1-1-19　手锯（2）　　　图1-1-20　手锯（3）

任务

按线完成锯削工作。

行动

1. 锯削的准备工作

请根据老师的讲解将正确的答案填写至横线处。

（1）如图1-1-21所示，在方格中填写手锯各部分名称。

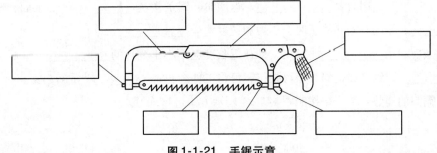

图1-1-21　手锯示意

（2）锯条的安装要求：

①锯条安装时，锯齿应_____。

②锯条安装在锯弓上，应_____适当，一般用两手指的力能旋紧为止。

③锯条安装好后，不能有歪斜和扭曲，否则锯削时容易_____。

（3）起锯方法，如图1-1-22所示。

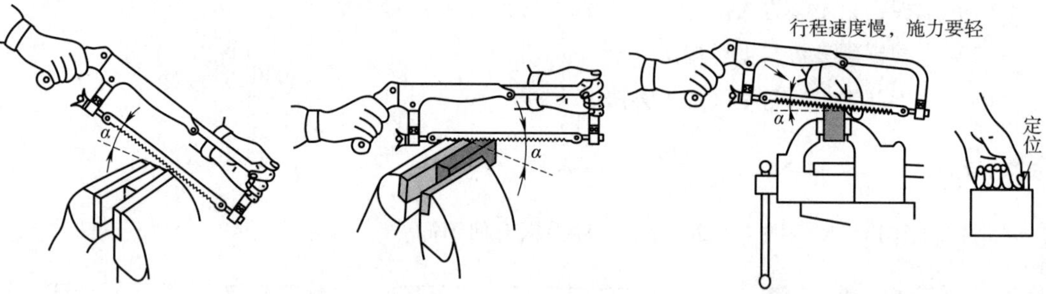

图 1-1-22　起锯方法

起锯时，锯条应对工件表面稍_____，起锯角 α 为_____°～_____°，不宜_____，以免崩齿。起锯时可用拇指进行导向，位置要保留_____锉削余量，起锯行程要_____，压力要_____，速度要_____。

2. 开始锯削

（1）锯弓的握法，如图1-1-23所示。

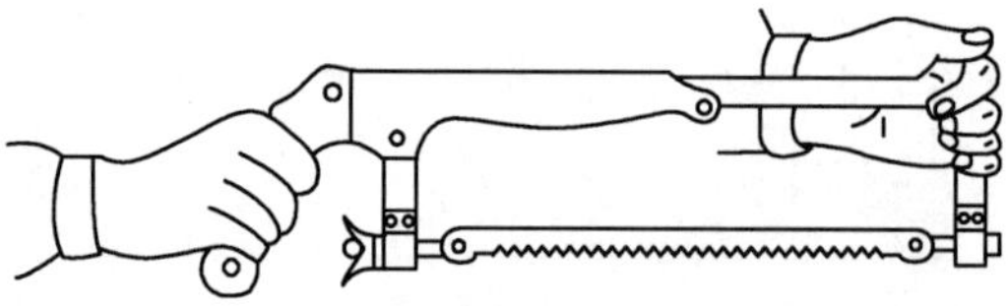

图 1-1-23　锯弓握法

①锯削时，锯弓做往返直线运动，左手扶在锯弓_____，向下_____，右手向前_____，用力要_____。返回时，锯条轻轻_____加工面，速度不宜_____，锯削开始和终了时，压力和速度均应_____。

②锯条应利用_____长度，即往返长度应不小于全长的_____，以免造成局部_____。锯缝如歪斜，不可强扭，可将工件翻转_____°重新起锯。

（2）锯削的姿势：请严格按照图1-1-24所示方法进行练习。

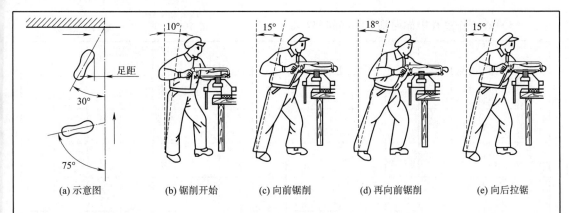

图 1-1-24　锯削姿势

（3）锯削速度：20 ~ 40 次/分钟。锯削软材料时可以_____一点，锯削硬材料时要_____一点。

温馨提示：（1）务必实时注意锯缝平直情况，及时纠正。（2）锯割时不可用力过猛，防止锯条折断伤人。（3）工件将断时，压力要小，避免压力过大使工件突然断开，手向前冲造成事故。

3. 问题分析

（1）在锯削过程中你折断了几根锯条？试分析锯条折断的原因是什么？

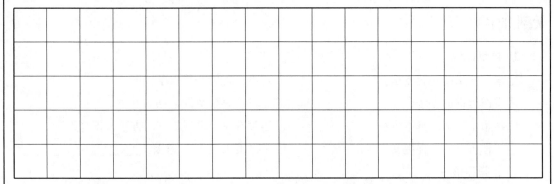

（2）在锯削过程中你的锯缝是否产生歪斜？你是如何纠正的？请分析锯缝产生歪斜的原因是什么？

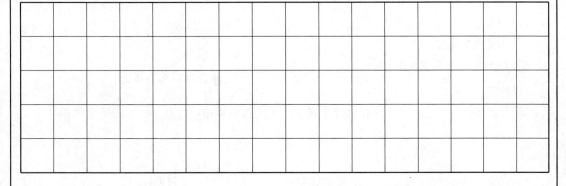

（3）在工作过程中你遇到了哪些问题？

☀ 完成以上内容，请与老师沟通。

纠错

（1）学生锯削加工演示。

（2）教师过程纠错及 5S 点评。

评价

1. 自我评价

☐掌握锯条的安装方法 　　　　☐还不会正确安装锯条

☐掌握起锯的方法 　　　　☐还没有完全掌握起锯的方法

☐熟悉了锯削的基本方法 　　　　☐还没有完全掌握锯削的方法，锯缝不直

☐工作页已完成并提交 　　　　☐工作页未完成　原因：＿＿＿＿＿＿＿＿

2. 教师评价

（1）工作页

☐已完成并提交

☐未完成　未完成原因：＿＿＿＿＿＿＿＿＿＿＿

（2）工件

☐已完成并提交

☐未完成　未完成的原因：＿＿＿＿＿＿＿＿＿＿

学习我们是认真的！

（3）5S 评价

☐工具摆放整齐 　　　☐工位清理干净 　　　☐台虎钳钳口闭合 　　　☐安全生产

教师签字：　　　　　　　　　　　日期：

工作页	项目1 方形垫片钳加工 任务5 测量与修整	姓名：	班级：
	学习领域：钳工技术	学号：	日期：

教学目标

（1）掌握游标卡尺的识读方法。

（2）掌握游标卡尺的使用方法。

（3）掌握平面锉削的修整方法。

导入

常用的测量工具如图1-1-25～图1-1-27所示。

图1-1-25 钢直尺：测量精度1 mm

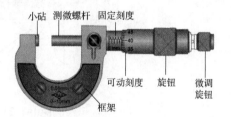

1-1-26 游标卡尺：测量精度0.02 mm或0.05 mm

1-1-27 千分尺：测量精度0.01 mm

任务

正确使用锉削工具及游标卡尺完成矩形垫片的加工与测量，保证尺寸精度与几何精度。

行动

（1）认识游标卡尺：如图1-1-28所示，请将游标卡尺各部分名称填至右侧方格中。

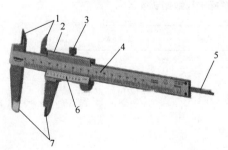

图1-1-28 游标卡尺

1	
2	
3	
4	
5	
6	
7	

（2）游标卡尺数据认读：请读取图 1-1-29～图 1-1-32 的数值，并填至方框中。

主尺读数：33 mm

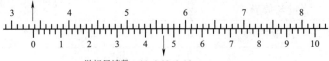

游标尺读数：23×0.02=0.46 mm

图 1-1-29　游标卡尺数据认读（1）

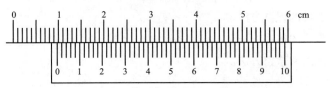

图 1-1-30　游标卡尺数据认读（2）

主尺读数：	游标尺读数：	总读数：

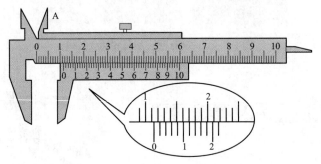

图 1-1-31　游标卡尺数据认读（3）

主尺读数：	游标尺读数：	总读数：

图 1-1-32　游标卡尺数据认读（4）

主尺读数：	游标尺读数：	总读数：

☀ 完成以上内容，请与老师沟通。

 纠错

（1）学生测量工作演示。

（2）教师过程纠错及 5S 点评。

评价

1. 工件自检与测评

评分项目	标准尺寸/mm	学生测评			赋分	教师测评			得分	备注
		实际尺寸	是否达标 是	否		实际尺寸	是否达标 是	否		
尺寸要求	60±0.1				5分或0分					教师测评与学生测评一致得5分，反之为0分
	70±0.1				5分或0分					教师测评与学生测评一致得5分，反之为0分
几何精度要求	平行度0.05				3分或0分					教师测评与学生测评一致得3分，反之为0分
	垂直度0.05				4分或0分					教师测评与学生测评一致得4分，反之为0分
工作效率	合格完成排名：				0~2分	得分：				第1~8名完成为2分；第9~16名完成为1分；第17~23名此项记为0分
成本情况	废品数：				0~2分	得分：				无废品记为2分；每产生1次废品扣1分，扣完为止
安全操作	安全记录：				0~2分	得分：				无安全事故记为2分，如出现安全事故此项目整体记为0分
职业素养(5S)	提醒记录：				0~2分	得分：				$n<5$，记2分；$10>n>5$，记1分；$n>10$，记0分，n为提醒次数

总分：

2. 教师评价

（1）工作页

□已完成并提交

□未完成 未完成原因：_____

（2）工件

□已完成并提交

□未完成 未完成的原因：_____ *学习我们是认真的!!*

（3）5S评价

□工具摆放整齐 □工位清理干净 □台虎钳钳口闭合 □安全生产

教师签字： 日期：

工作页	选做内容（附加10分）	姓名：	学号：
	学习领域：钳工技术	班级：	日期：

选做内容

选做说明：本部分内容为附加10分，同学们可根据主要加工零件的完成情况与进度情况选择是否进行本项内容。本项内容为创意件，学生可自行设计创意件，形成草图，根据难易程度及个人喜好选择创意载体，进行加工。完成本项可根据创意件的完成质量、难易程度获得相应分值，没有进行创意件加工的不得分。

（1）推荐创意件。

①车标加工（见图1-1-33）。

图 1-1-33　车标加工

②起瓶器加工（见图1-1-34）。

图 1-1-34　起瓶器加工

③钥匙挂件加工（见图1-1-35）。

图 1-1-35　钥匙挂件加工

（2）领取毛坯料。

（3）确定尺寸绘制草图（经指导教师审核后方可进行下一步）。

（4）划线，在教师指导下完成。

（5）逐步展开工作。

学习我们是认真的！！

教师签字：　　　　　　　　　　日期：

工作页	项目2　V形块钳加工 任务1　角度测量与加工	姓名：	班级：
	学习领域：钳工技术	学号：	日期：

恭喜大家，我们已经完成了第一个钳工作品——方形垫片的加工，接下来我们即将进入V形块钳加工的学习，请您通过个人学习、小组讨论、信息查找等方法，并结合工作页完成以下学习任务。

 教学目标

(1) 掌握平面划线方法。

(2) 掌握斜面加工方法。

(3) 掌握万能角度尺的使用、识读方法。

☆☆学习钳工从来就不是一件简单的事情

导入

在方形垫片加工的过程中，我们学习了哪些钳工的基本操作方法？

在接下来的任务中，我们的主要知识点与技能点为斜面加工与孔加工。

任务

请按照图样要求，完成V形块的钳加工。

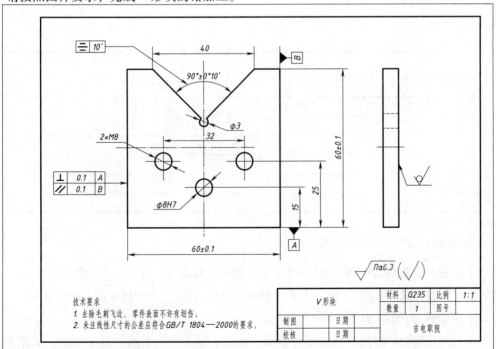

图 1-2-1　V形块零件图

🖱️📺**行动**

（1）读图 1-2-1，明确图纸中各个零件尺寸要求及形位公差要求。

①请说明零件图中所标注的形位公差的含义。

②请说明零件图中所标注的尺寸公差的含义。

（2）工艺规程。

（3）确定加工工艺。

序号	工序名称	工、量具名称	工序内容	备　　注
1				
2				
3				
4				
5				

☀️完成以上内容，请与老师沟通。

（4）观察万能角度尺结构图（见图 1-2-2），熟悉各结构作用。试拆、装改变直角尺及直尺的相对位置，使其完成 0°~50°、50°~140°、140°~230°、230°~320° 角度范围内的调节。

（5）万能角度尺的识读。

万能角度尺按游标的测量精度分为 2′ 和 5′ 两种，钳工常用的测量精度为 2′，如图 1-2-2 所示。

其读数方式与游标卡尺相似，主尺每格为 1°，游标的刻线是取主尺的 29°等分 30 格，因此游标刻线角度为 29°/30，即主尺与游标一格的差值为 2′。

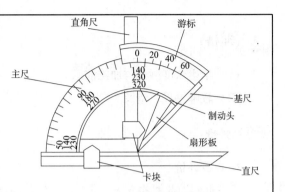

图 1-2-2　万能角度尺结构图

先从主尺上读取游标 0 刻线左边的整读数，再从副尺游标上读出与主尺刻线对其重合为一条线的刻数线，将主尺上读出的度"°"和副尺游标上读出的分"′"相加就是被测的角度数。例：图 1-2-3、图 1-2-4 所示两组游标万能角度尺读数分别为 2°16′ 和 16°12′。

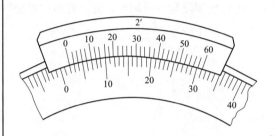

图 1-2-3　万能角度尺读数（1）

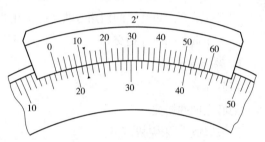

图 1-2-4　万能角度尺读数（2）

$2° + 8 \times 2′ = 2°16′$

____° + ____′ = ____° ____′

试读出图 1-2-5 中的游标万能角度尺的角度数值为：

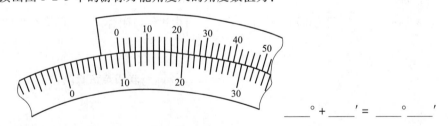

____° + ____′ = ____° ____′

图 1-2-5　万能角度尺读数（3）

（6）角度变换，如图 1-2-6 ～ 图 1-2-9 所示。

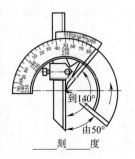

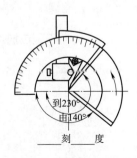

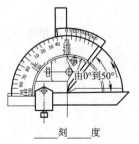

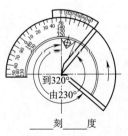

图 1-2-6　角度变换（1）　图 1-2-7　角度变换（2）　图 1-2-8　角度变换（3）　图 1-2-9　角度变换（4）

✏️纠错

（1）学生角度测量与加工演示。

（2）教师过程纠错及 5S 点评。

📇评价

1. 自我评价

☐掌握斜面起锯的方法　　　　☐斜面起锯还有一定困难

☐熟悉了锯削的基本方法　　　　☐还没有完全掌握锯削的方法，锯缝不直

☐掌握了不同锉削的方法　　　　☐还没有灵活运用锉削的方法

☐掌握了万能角度尺的使用方法　☐应用角度尺进行角度测量存在困难，需要老师的帮助

☐工作页已完成并提交　　　　☐工作页未完成　　原因：＿＿＿＿＿＿＿＿＿＿＿＿＿

2. 教师评价

（1）工作页

☐已完成并提交

☐未完成　　未完成原因：＿＿＿＿＿＿＿＿＿＿＿＿

（2）工件

☐已完成并提交

☐未完成　　未完成的原因：＿＿＿＿＿＿＿＿＿＿＿

（3）5S 评价

☐工具摆放整齐　　　☐工位清理干净　　　☐台虎钳钳口闭合　　　☐安全生产

学习我们是认真的！！

教师签字：　　　　　　　　　日期：

工作页	项目2　V形块钳加工 任务2　孔加工	姓名：	班级：
	学习领域：钳工技术	学号：	日期：

🌐 教学目标

（1）掌握孔加工的种类。

（2）掌握钻床的安全操作规程。

（3）掌握台钻的结构组成、转速计算方法与调速方法。

（4）掌握钻孔操作步骤。

（5）掌握内螺纹加工方法。

🔌 导入

（1）应用于不同情况下进行钻孔的工具也各不相同。

(a) 手钻　　　　　　(b) 台钻　　　　　　(c) 摇臂钻床　　　　　　(d) 立式钻床

图1-2-10　钻孔工具

（2）孔加工有很多种操作方法，例如钻孔、扩孔、铰孔、锪孔、镗孔等，每一种孔的加工方法都有其独特的作用。

🎧 任务

按要求完成非标垫片孔加工。

🖥 行动

1. 光孔加工

（1）钻床

请将正确的名称填至图1-2-11的方框内。

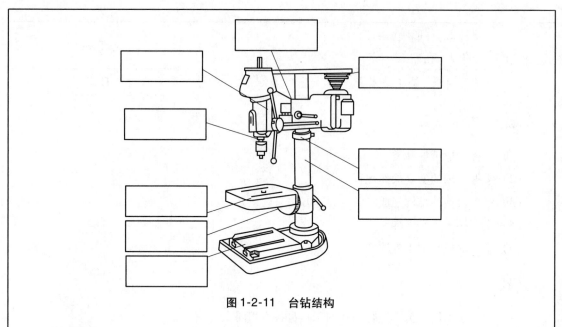

图 1-2-11　台钻结构

（2）钻头

钻头结构如图 1-2-12 所示。

请查阅资料完成以下填空：

钻削时要根据孔径的＿＿＿＿＿＿和＿＿＿＿＿＿选择合适的钻头。钻削直径 ≤30 mm 的低精度孔，选用与孔径＿＿＿＿＿＿直径的钻头一次钻出。钻削 30 ~ 80 mm 的低精度孔，可用＿＿＿＿＿＿倍孔径的钻头进行钻销，然后扩孔；对于高精度孔，应先钻底孔，留出加工余量，然后进行扩孔和铰孔。

（3）切削用量

切削用量如图 1-2-13 所示。

切削速度 v：

进给量 f：

切削深度：

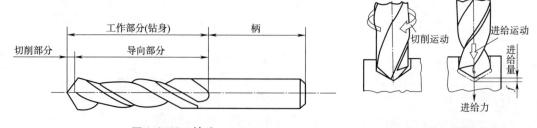

图 1-2-12　钻头　　　　　　　　　图 1-2-13　切削用量

（4）钻床转速的选择

现要 $\phi15$ mm 及 $\phi3$ mm 高速钢麻花钻钻钢件，加工钢件时 $v = 15 ~ 20$ m/min，试计算钻削

两个不同孔径的通孔时设置的钻床转速各是多少?

（5）钻孔步骤

①划线，用样冲打出孔的中心位置。

②选取符合需要孔径的钻头。

③将夹具夹上钻头，根据被加工件的材质及孔径的大小选取台钻转速。

④根据所需要钻孔的深度调整止挡参数。

⑤将工件套上工装或用台钳夹紧，使加工面垂直于台钻夹具。

⑥打开台钻电源，使钻头对准工件上的定位点。左手扶住台钳，右手握住操作杆缓慢下行。

（6）钻孔方法

①起钻。

②手动进钻时，进给力不宜_____，防止钻头发生弯曲，使孔歪斜。孔将钻穿时，进给力必须_____，以防止进给量突然过大，造成钻头折断发生事故。钻通孔时，零件底部应加_____。

③钻孔过程中如切屑过长，应及时抬起钻头实施_____。

④钻床变速应_____。

2. 螺纹孔加工

（1）钻底孔

①钻孔直径的确定。由图样可知，要攻出 M8 的 2 个螺纹孔，底孔直径可用下列经验公式计算：

$$D = d - P$$

式中：D ——底孔直径，mm；

　　　　d ——螺纹大径，mm；

　　　　P ——螺距，mm。

查表可知 M8 的螺距 $P =$ _____ mm

即底孔直径　　　　　　　　　$D = d - P$

　　　　　　　　　　　　　　　 $= 8 -$ _____

　　　　　　　　　　　　　　　 $=$ _____ mm $\approx$ _____ mm

选用 ϕ _____ 麻花钻头对工件进行钻孔，然后再用 90°锪孔钻对底孔锪孔加工 $C1$ 倒角，深度约 1mm，通孔两端要锪孔（在这里我们使用 $\phi 8$ 的钻头代替锪孔钻加工倒角），便于丝锥切入，并可防止孔口的螺纹崩裂。

②钻孔深度的确定。攻盲孔（不通孔）的螺纹时，因丝锥不能攻到底，所以孔的深度要大于螺纹的长度，盲孔的深度可按下面的公式计算：

$$孔的深度 = 所需螺纹的深度 \pm 0.7d$$

③孔口倒角。攻螺纹前要在钻孔的孔口进行倒角，以利于丝锥的定位和切入。倒角的深度

大于螺纹的螺距。

（2）工具——丝锥及铰杠

①丝锥。丝锥（见图1-2-14）是用来加工较小直径内螺纹的成形刀具，一般选用合金工具钢9SiGr，并经热处理制成。通常 M6～M24 的丝锥一套为两支，称头锥、二锥；M6 以下及 M24 以上一套有三支，即头锥、二锥和三锥。

每个丝锥都由工作部分和柄部组成。工作部分是由切削部分和校准部分组成。

图1-2-14　丝锥

轴向有几条（一般是三条或四条）容屑槽，相应地形成几瓣刀刃（切削刃）和前角。切削部分（即不完整的牙齿部分）是切削螺纹的重要部分，常磨成圆锥形，以便使切削负荷分配在几个刀齿上。头锥的锥角小些，有 5～7 个牙；二锥的锥角大些，有 3～4 个牙。校准部分具有完整的锥齿，用于修光螺纹和引导丝锥沿轴向运动。柄部有方头，其作用是与铰杠相配合并传递扭矩。

②铰杠。铰杠（见图1-2-15）是用来夹持丝锥的工具，常用的是可调式铰杠。旋转手柄即可调节方孔的大小，以便夹持不同尺寸的丝锥。铰杠长度应根据丝锥尺寸大小进行选择，以便控制攻螺纹时的扭矩，防止丝锥因施力不当而扭断。

（3）攻螺纹（见图1-2-16）

攻螺纹是用_____切削内螺纹的一种加工方法。该方法可以加工车刀无法车削的小直径内螺纹，而且操作方便、生产效率高、工件互换性好。

图1-2-15　铰杠

攻螺纹前要先_____，攻螺纹过程中，丝锥齿对材料既有切削作用还有一定的_____作用，所以一般钻孔直径 D 略_____螺纹的内径，可查表或根据下列经验公式计算（加工钢料及塑性金属时 $D = d - P$；加工铸铁及脆性金属时 $D = d - 1.1P$）。

钻出底孔和锪孔后，用_____和_____对工件攻 M8 螺纹，注意攻螺纹前工件夹持位置要正确，应尽可能把底孔中心线置于垂直位置，便于攻螺纹时使丝锥垂直于工件。

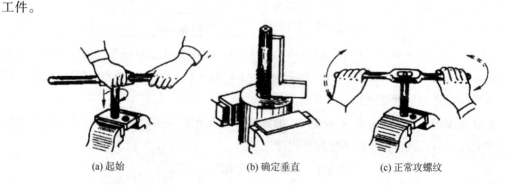

(a) 起始　　　　　　　　(b) 确定垂直　　　　　　　　(c) 正常攻螺纹

图1-2-16　攻螺纹

　　攻螺纹时，要注意先用头锥，再用二锥，且双手均匀握住铰杠均匀施加压力，当丝锥攻入1到2圈后，从间隔90°的两个方向用90°角尺检查，并校正丝锥位置到符合要求，然后继续往下攻，并添加润滑油和倒转1/2圈，便于切削和_____。

　　（4）注意事项

　　①工件装夹时，要使孔中心垂直于_____，防止螺纹攻歪。

　　②用头锥攻螺纹时，先旋入1~2圈后，要检查丝锥是否与孔端面_____（可目测或用直角尺在互相垂直的两个方向检查）。当切削部分已切入工件后，每转1~2圈应反转_____圈，以便切屑断落；同时不能再施加压力（即只转动不加压），以免丝锥崩牙或攻出的螺纹齿较瘦。

　　③攻钢件上的内螺纹，要加机油_____，可使螺纹光洁、省力和延长丝锥使用寿命；攻铸铁上的内螺纹可不加润滑剂，或者加煤油；攻铝及铝合金、紫铜上的内螺纹，可加乳化液。

纠错

　　（1）学生孔加工演示。

　　（2）教师过程纠错及5S点评。

评价

学习我们是认真的！！

1. 工件自检与测评

序号	考核项目	考核项目要求/mm	配分	评分标准	自查结果	自评分	考核结果	教师评分
		V形块评分标准						
1	锉削	60±0.1（两处）	4	超差0.01 mm扣0.2分				
2		40	2	按自由公差等级±0.3				
3		90°±10′	2	超差1′扣0.2分				
4		⊥ 0.1 A	1.5	超差0.01 mm扣0.2分				
5		// 0.1 B	1.5	超差0.01 mm扣0.2分				
6		对称度10′	1	超差1′扣0.2分				
7	钻孔	32	1	按±0.5 mm加工超差0.1扣0.2分				
8		25	1	按±0.5 mm加工超差0.1扣0.2分				
9		15	1	按±0.5 mm加工超差0.1扣0.2分				
10		φ8H7	2	H7是+0.015 mm超差不得分				
11		M8（两处）	2	螺纹底孔φ6.8 mm钻错不得分				
12		φ3	1	钻错不得分				
工作效率		合格完成排名：	0~1分	得分：	第1~8名完成为1分；第9~16名完成为0.5分；第17~20名此项记为0分			

续表

序号	考核项目	考核项目要求（mm）	配分	评分标准		自查结果	自评分	考核结果	教师评分
成本情况	废品数：	0~1分	得分：					无废品记为1分；每产生1次废品扣1分，扣完为止
安全操作	安全记录：	0~1分	得分：					无安全事故记为1分，如出现安全事故此项目整体记为0分
职业素养（5S）	提醒记录：	0~1分	得分：					$n<5$，记1分；$10>n>5$，记0.5分；$n>10$，记0分，n为提醒次数
行为规范	平均积分：	0~1分	得分：					行为积分银行日平均>120分记为1分，否则记为0分

总分：

2. 教师评价

（1）工作页

□已完成并提交

□未完成　未完成原因：_____

（2）工件

□已完成并提交

□未完成　未完成的原因：_____

（3）5S评价

□工具摆放整齐　　　　　□工位清理干净　　　　　□安全生产

教师签字：　　　　　　　　　　　　日期：

工作页	项目3　角度样板钳加工	姓名：	学号：
	学习领域：钳工技术	班级：	日期：

教学目标

（1）熟练运用划线、锯割、锉削等手动加工技能。

（2）能够正确的使用角度量具。

（3）掌握角度工件的加工工艺。

（4）掌握角度件的检验及误差修正方法。

（5）掌握钳工常用工具、量具的使用方法。

导入

（1）在生产过程中，用来测量各种工件的尺寸、角度和形状的工具称为量具。钳工在制作零件，检修设备，安装和调整装配工作中，都需要用量具来检查加工尺寸是否符合要求。熟悉量具的结构，性能及掌握其使用方法是保证产品质量，提高工作效率必须掌握的一项技能。

（2）量具的种类。

量具分为标准量具、通用量具和专用量具。

①标准量具：指用作测量或检定标准的量具。如量块、多面棱体、表面粗糙度比较样块等。

②通用量具：也称万能量具。一般指由量具厂统一制造的通用性量具。如钢直尺、千分尺、塞规、刀口尺、百分表、游标卡尺、万能角度尺等。

③专用量具：也称非标量具。指专门为检测工件某一技术参数而设计制造的量具，是一种以固定形式复现量值的测量器具，在结构上一般没有测量机构，必要时可依赖其他配用的测量器具进行测量，因此它是一种被动式测量器具。

任务

1. 专用量具角度样板的钳加工

请按照图样的尺寸的公差要求、形位公差要求完成角度样板的加工。

2. 加工要求

（1）公差等级：IT7、未注公差按 IT14（2 处）。

（2）形位公差：垂直度 0.10 mm、直线度 0.10 mm。

（3）表面粗糙度：$Ra1.6\ \mu m$。

（4）图形及技术要求如图 1-3-1 所示。

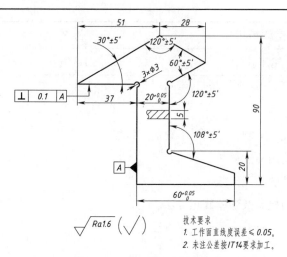

技术要求
1. 工作面直线度误差≤0.05。
2. 未注公差按IT14要求加工。

图1-3-1 角度样板零件图

 行动

1. 实训器材准备

（1）材料准备

序号	名　称	规　格	数　量	备　注
1	Q235	105 mm×100 mm×5 mm	1	

（2）设备准备

序号	名　称	规　格	序号	名　称	规　格
1	划线平台	2 000 mm×1 500 mm	4	钳台	3 000 mm×2 000 mm
2	方箱	205 mm×205 mm×205 mm	5	台虎钳	125 mm
3	台式钻床	Z4112	6	砂轮机	S3SL—250

（3）工、量、刃具准备

名称	规格	精度（读数值）	数量	名称	规格	精度（读数值）	数量
游标高度尺	0~300 mm	0.02 mm	1	样冲			1
游标卡尺	0~150 mm	0.02 mm	1	钢直尺	0~150 mm		1
万能角度尺	0°~320°	2′	1	平锉	200 mm（4号纹）		1
					200 mm（5号纹）		1
刀口直角尺	100 mm×63 mm	一级	1		100 mm（5号纹）		1
				三角锉	150 mm（5号纹）		1
				锯弓			1
				锯条			自定
直柄麻花钻	φ3 mm		1	软钳口			1 副
手锤			1	锉刀刷			1

续表

名称	规格	精度 （读数值）	数量	名称	规格	精度 （读数值）	数量
划针			1				
划规			1				

2. 读图

明确图纸中各个零件尺寸要求及形位公差要求。

（1）请说明零件图中所标注的形位公差的含义。

（2）请说明零件图中所标注的尺寸公差的含义。

3. 分析加工工艺

（1）请描述工艺的概念。

（2）请学生分组讨论自己制订角度样板的加工工艺。

1											
2											
3											
4											
5											
6											

4. 万能角度尺的应用

测量时，放松制动器上的螺帽，移动主尺座作粗调整，再传动游标背后的手把作精细调整，直到使角度规的两测量面与被测工件的工作面密切接触为止。然后拧紧制动器上的螺帽加以固定，即可进行读数。

注意：当测量被测工件内角时，应从（　　　　）减去角度规上的读数值；如图1-3-2所示，在角度上读数为306°24′，则内角测量值为_____° − _____° _____′ = _____° _____′。

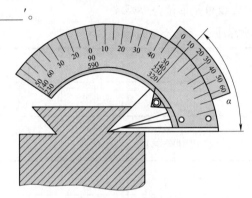

图1-3-2　万能角度尺

（1）测量0°~50°之间角度

直角尺和直尺全都装上，产品的被测部位放在基尺和直尺的（测量面）之间进行测量，如图1-3-3所示。

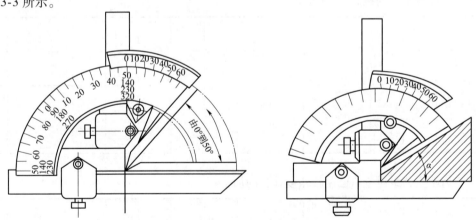

图1-3-3　0°~50°万能角度尺

（2）测量50°~140°之间角度

把直角尺卸掉，把直尺装上去，使它与扇形板连在一起。工件的被测部位放在基尺和直尺的测量面之间进行测量，如图1-3-4所示。

（3）测量140°~230°之间角度

把直尺和卡块卸掉，只装直角尺，但要把直角尺推上去，直到角尺短边与长边的交点和基尺的尖端对齐为止。把工件的被测部位放在基尺和直角尺短边的测量面之间进行测量，如图1-3-5所示。

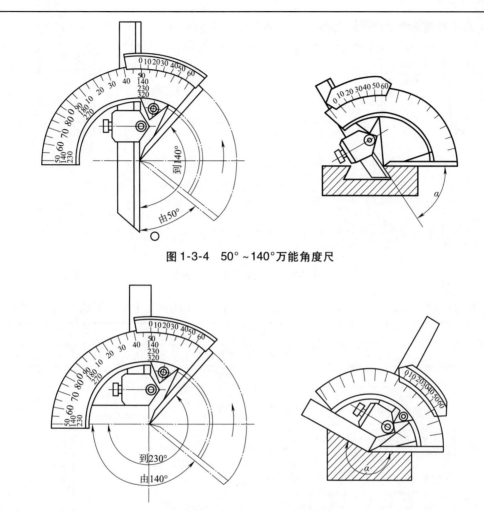

图 1-3-4 50°~140°万能角度尺

图 1-3-5 140°~230°万能角度尺

（4）测量 230°~320°之间角度

把直角尺、直尺和卡块全部卸掉，只留下扇形板和主尺。把产品的被测部位放在基尺和扇形板测量面之间进行测量，如图 1-3-6 所示。

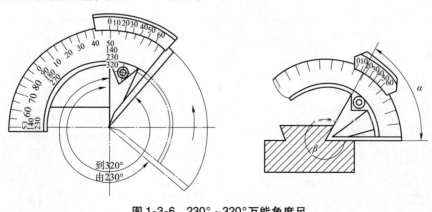

图 1-3-6 230°~320°万能角度尺

5. 完成并确定角度样板见（图1-3-7）的加工工艺

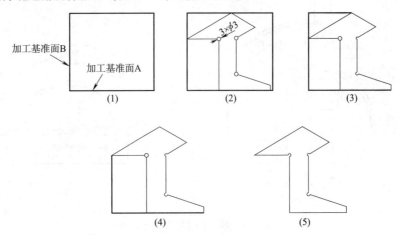

图1-3-7 角度样板工艺简图

根据设备准备和工、量、刃具准备表格内容及图1-3-7所示工艺简图完成下面表格的填写。

（单位名称）	加工工艺卡		产品名称	角度样板	图号		1	
			零件名称	角度样板	数量		1	第 页
材料成分	Q235		毛坯尺寸：105 mm×100 mm×5 mm				共 页	
名称	工序内容		车间	设备	工具		工艺简图序号	
					量具刃具辅具			
锉削	按零件图锉削加工 *A*、*B* 两个相邻的边，保证垂直度要求		钳工车间					
划线、钻孔	按零件图以 *A*、*B* 两边为基准划线，划出的线条清晰，划线完成以后，样冲点准确。在台式钻床上钻 $\phi3$ 的工艺孔		钳工车间					
锯割、锉削	锯割、锉削加工 108°、120° 内角和 60° 外角		钳工车间					
锯割、锉削	锯割、锉削加工 120° 外角		钳工车间					
锯割、锉削	锯割、锉削加工 30° 外角和直角边		钳工车间					

纠错

（1）工、量、夹具使用纠错。

（2）加工工艺制订纠错。

（3）教师过程纠错及5S点评。

评价

1. 自我评价

□熟读并理解钳工安全操作规程　　　　　　□对钳工安全操作规程了解一点

□掌握钳工的工作内容　　　　　　□对于钳工的工作内容了解一点

□掌握 5S 管理标准　　　　　　　□对 5S 管理标准了解一点

□工作页已完成并提交　　　　　　□工作页未完成　原因：＿＿＿＿＿＿＿

2. 工件自检与测评

角度样板序号	考试内容	考试要求	配分工件＋检测	评分标准	自我检测结果	教师检测结果	工件得分	自我检测得分	合计
1		$60^{+0.05}_{0}$	2＋1	超差不得分					
2		$20^{+0.05}_{0}$	2＋1	超差不得分					
3		未注公差按 IT14（2 处）	4＋1	超差不得分					
4		$30°\pm5'$	8＋2	超差不得分					
5		$120°\pm5'$	8＋2	超差不得分					
6	锉削	$60°\pm5'$	8＋2	超差不得分					
7		$120°\pm5'$	8＋2	超差不得分					
8		$108°\pm5'$	8＋2	超差不得分					
9		工作面直线度误差≤0.05 mm	8＋2	超差不得分					
10		垂直度 0.1 mm（2 处）	8＋2	超差不得分					
11		表面粗糙度：$Ra1.6\ \mu m$（9 处）	9	升高一级不得分					
安全生产		工具摆放、护具的佩戴	10	违反不得分					
合计									

3. 教师评价

（1）工作页

□已完成并提交

□未完成　未完成原因：＿＿＿＿＿＿＿＿＿＿＿＿＿＿＿＿＿＿

（2）工件

□已完成并提交

□未完成　未完成的原因：＿＿＿＿＿＿＿＿＿＿＿＿＿＿＿＿

（3）5S 评价

□工具摆放整齐　　　　　□工位清理干净　　　　　□安全生产

教师：　　　　　　　　　　　　　　日期：

工作页	项目4 凸凹镶配件钳加工	姓名：	学号：
	学习领域：钳工技术	班级：	日期：

教学目标

（1）熟练使用划线、锯割、锉削、钻孔、攻螺纹等手动加工技能。

（2）能够正确的使用量具，保证工件尺寸的公差与形位公差。

（3）掌握镶配件的加工工艺。

（4）掌握尺寸链的计算方法。

☆☆学习钳工从来就不是一件简单的事情

导入

我们日常生活中有很多物品（见图1-4-1）都是配合出现的，它们具有对应性及互换性，我们即将进行钳加工的工件就是配合件。

(a)　　　　　　　　　　　　　　　　(b)

图1-4-1　生活物品

任务

（1）完成凸凹镶配件加工，装配示意图如图1-4-2所示，零件图如图1-4-3所示。

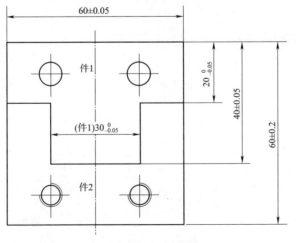

图1-4-2　装配示意图

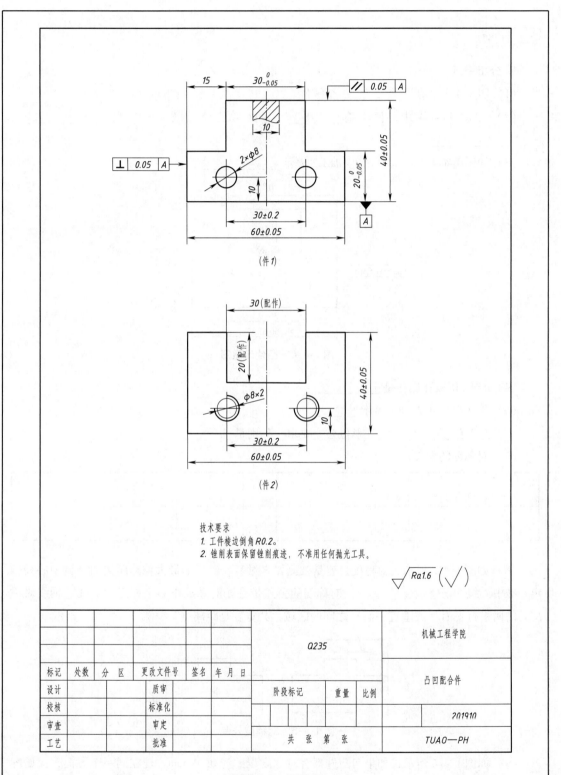

(件1)

(件2)

技术要求
1. 工件棱边倒角R0.2。
2. 锉削表面保留锉削痕迹，不准用任何抛光工具。

$\sqrt{Ra1.6}\ (\sqrt{\ })$

标记	处数	分区	更改文件号	签名	年 月 日			机械工程学院
设计			质审					凸凹配合件
校核			标准化					
审查			审定		阶段标记	重量	比例	201910
工艺			批准		共 张 第 张			TUAO—PH

Q235

图 1-4-3 零件图

🖱️行动

1. 分析图纸

（1）图 1-4-3 中有_____个零件。

（2）如图 1-4-4 中，件 1 有_____处形位公差要求，分别是_____、
_____、_____。

（3）如图 1-4-4 中件 1 中孔 2×φ8H7 表示_____。

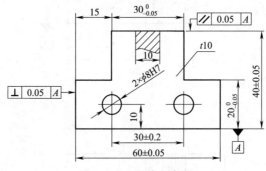

图 1-4-4　凸件示意图

（4）φ8H7D 铰孔底孔是_____mm。

（5）件 2 中尺寸 2×φ8 表示_____。

（6）件 2 有_____处形位公差要求，分别是_____、_____。

（7）对称度的含义。

（8）如图 1-4-5 所示，对称度公差是被测要素对基准要素的最大偏移距离。凸台中心线偏离基准中心线的误差是（　　　　）。对称度的公差带是相对基准中心平面或中心线、轴线对称配置的两平行平面（或垂直平面）之间的区域，其宽度是距离（　　　　）。

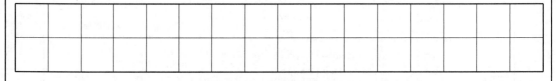

图 1-4-5　对称度公差

（9）如图 1-4-6 所示，如果凹凸件都有对称度误差为 0.05 mm，现在同一个方向，原始配合位置达到间隙要求时两侧面平齐；而转位 180° 做配合时，就会产生两基准面错位误差，其误差值为（　　　　）。

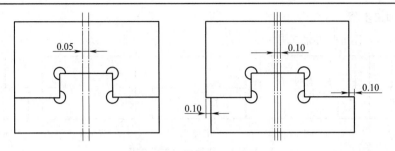

图 1-4-6　凹凸件对称度公差

2. 实训器材：工具、量具准备

序号	名　称	规　格	精　度	数量	备注
1	游标高度尺	0～300 mm	0.02 mm	1把	
2	游标卡尺	0～150 mm	0.02 mm	1把	
3	直角尺	100 mm×80 mm	1级	1把	
4	刀口尺	100 mm	1级	1把	
5	千分尺	0～25 mm	0.01 mm	1把	
6	千分尺	25～50 mm	0.01 mm	1把	
7	千分尺	50～75 mm	0.01 mm	1把	
8	万能角度尺	0～320°	2′	1把	
9	塞尺	自定	自定	1套	
10	塞规	φ8 mm	φ8H7	1套	
11	锉刀	自定		自定	
12	直柄麻花钻	自定		自定	
13	手用或机用铰刀	φ8 mm	H7	1	
14	铰杠	自定		自定	
15	锉刀刷及毛刷	自定		自定	
16	软钳口	自定		1副	
17	划线工具	自定		自定	
18	锯弓锯条	自定		自定	
19	手锤、錾子	自定		自定	
20	杠杆表及表架	自定		1套	
21	划线平台	自定		1	
22	丝锥	M6		自定	

3. 凸件加工步骤

根据图 1-4-7 分析凸件加工步骤。

①划线　　②加工基准面　　③孔加工　　④加工基准面对边台阶　　⑤完成外形加工

长方体的锉削基准面

图 1-4-7　凸件加工工艺简图

根据设备准备和工、量、刃具准备表格内容及工艺简图 1-4-7 所示，完成下面表格的填写。

（单位名称）		加工工艺卡	产品名称	凸凹镶配件	图号		1	
			零件名称	凸件	数量		1	第　页
材料成分	Q235		毛坯尺寸：70 mm×50 mm×8 mm				共　页	
名称	工序内容		车间	设备	工具		工艺简图序号	
					量具、刃具、辅具			
锉削	按零件图锉削加工长方体，保证 A、B 两基准边的垂直度与直线度要求		钳工车间					
划线			钳工车间					
锯割、锉削			钳工车间					
锯割、锉削			钳工车间					
划线、钻孔			钳工车间					

行动

图 1-4-8 所示为凹件示意图。

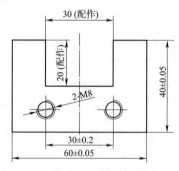

30（配作）
20（配作）
40±0.05
2-M8
30±0.2
60±0.05

图 1-4-8　凹件示意图

1. 锉配基本知识

（1）锉配的定义

（2）锉配的种类

（3）锉配的基本操作

涉及的基本操作请在方框内打√。

□锯削 □锉削 □划线 □研磨 □錾削 □钻孔 □攻螺纹 □套螺纹

（4）锉配的一般原则

第一，先加工凸件、后加工凹件的原则。凸件为_____、凹件为_____。为了保证锉配精度必须保证_____精度。

第二，从易到难原则。零件加工遵循从_____表面到_____表面，从_____面到_____面，从_____面到_____面，从_____面到_____面的原则。

第三，对称性零件先加工一侧，以利于间接测量的原则，待该面加工好以后再加工另一面。

第四，按中间公差加工的原则，即按公差的_____值进行加工。

第五，最小误差原则，为保证获得较高的锉配精度，应选择有关的外表面作划线和测量的基准，基准面应达到_____形位误差要求。

第六，在运用标准量具不便或不能测量的情况下，优先制作辅助检具并采用间接测量方法的原则。

第七，综合兼顾、勤测慎修、逐渐达到配合要求的原则，一般主要修整_____。注意在做精确修整前，应将各锐边_____，去_____、清洁测量面。否则，会影响测量精度，造成错误的判断。配合修锉时，一般可通过_____来定加工部位和余量，逐步达到规定的配合要求。

第八，在检验修整时，应该综合测量、综合分析后，最终确定应该修整的那个加工面，否则会适得其反。

第九，锉削时，分_____锉、_____锉两种锉削方法进行锉削，粗锉时用_____尺控制尺寸，精锉时用_____尺控制尺寸，精锉余量控制在_____mm之间。

（5）请拟定排序锉配操作的具体步骤

①接到任务分析图样，了解零件结构以及制作要求，找出零件加工的关键部位和加工的重点、难点。②选定基准件。③根据零件的要求确定加工路线和各部位的加工方法，编制零件加工工艺。④锉削配作件。⑤加工基准件。⑥根据工艺开始零件制作。⑦修配间隙和错位量。

（6）锉配技巧

①要循序渐进，不能急于求成。②要精益求精，不能粗制滥造。③要综合分析，不能盲目锉削。④要善于总结，不要苛求完美。⑤关键在于把握操作要领，勤学苦练。

2. 解尺寸链基本知识

（1）在一个零件或一台机器的结构中，总有一些相互联系的尺寸，这些尺寸按一定顺序连接成一个封闭的尺寸组，称为＿＿＿＿＿＿＿＿。

（2）构成尺寸链的各个尺寸称为＿＿＿＿＿＿＿＿，尺寸链的环分为封闭环和＿＿＿＿＿＿＿＿。

（3）尺寸链中除封闭环以外的其他环，根据它们对封闭环的影响不同，又分为＿＿＿＿＿＿＿＿和＿＿＿＿＿＿＿＿。

（4）增环：在尺寸链中，当其余组成环不变的情况下，将某一组成环＿＿＿＿＿＿＿＿，封闭环也随之＿＿＿＿＿＿＿＿，该组成环即称为"增环"。

（5）在尺寸链中，当其余组成环不变的情况下，将某一组成环＿＿＿＿＿＿＿＿，封闭环却随之＿＿＿＿＿＿＿＿，该组成环即称为"减环"。

（6）如图 1-4-9 所示，L_2、L_3、L_4 为增环，L_1 为减环、解尺寸链的主要方法有＿＿＿＿＿＿＿＿（完全互换法）、＿＿＿＿＿＿＿＿（不完全互换法）、＿＿＿＿＿＿＿＿。

（7）按各环所在空间位置分为：＿＿＿＿＿＿＿＿尺寸链、＿＿＿＿＿＿＿＿尺寸链、＿＿＿＿＿＿＿＿尺寸链。

（8）例题：如图 1-4-10 所示的某一带键槽的齿轮孔，按使用性能，要求有一定耐磨性，工艺上需淬火后磨削，则键槽深度的最终尺寸不能直接获得，因其设计基准内孔要继续加工，所以插键槽时的深度 A 只能作为加工中间的工序尺寸，拟订工艺规程时应把它计算出来。

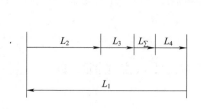

图 1-4-9　闭环

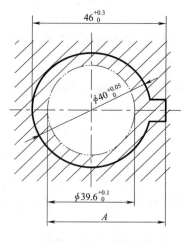

图 1-4-10　齿轮孔

按加工路线作出图 1-4-11 所示四环工艺尺寸链。其中尺寸 46 是要保证的封闭环，A 和 20 为增环，19.8 为减环。

按尺寸链基本公式进行计算：

基本尺寸　　　　　　　　　　$46 = (\overrightarrow{20} + \overrightarrow{A}) - \overleftarrow{19.8}$

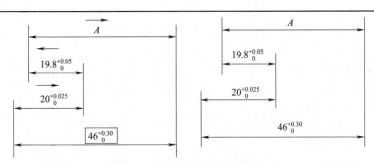

图 1-4-11　四环工艺尺寸链

$$\begin{cases} +0.30 = (+0.025 + \Delta_{sA}) - 0 & \Rightarrow \Delta_{sA} = 0.275 \\ +0 = (0 + \Delta_{xA}) - (+0.05) & \Rightarrow \Delta_{xA} = 0.050 \end{cases}$$

偏差

因此 A 的尺寸为：$45.8^{+0.275}_{+0.050}$。

（9）凹件的深度尺寸应该控制在_____ mm 至_____ mm，凹件的凹槽宽度尺寸应该控制在_____ mm 至_____ mm。

3. 凹件加工步骤

根据图 1-4-12，分析确定凹件加工步骤。

图 1-4-12　凹件加工工艺简图

温馨提示：在加工凹件时去除材料的方法有两种，一是排孔法后整切，二是钻一个大孔锯割。

根据设备准备和工、量、刃具准备表格内容及工艺简图 1-4-12 所示，完成下面表格的填写。

（单位名称）	加工工艺卡		产品名称	凸凹镶配件	图号		1	
			零件名称	凹件	数量	1	第　页	
材料成分	Q235		毛坯尺寸：70 mm × 50 mm × 8 mm				共　页	
名称	工序内容		车间	设备	工具		工艺简图序号	
					量具、刃具、辅具			
锉削	按零件图锉削加工长方体，保证 A、B 两基准边的垂直度与直线度要求		钳工车间					
划线			钳工车间					
钻孔、锯割、锉削			钳工车间					
钻孔、攻螺纹			钳工车间					

✏️纠错

（1）工量夹具使用纠错。

（2）工艺制订纠错。

（3）教师过程纠错及 5S 点评。

评价

1. 自我评价

☐对于镶配件钳加工有一定的理解 ☐对与镶配件钳加工还需进一步练习与理解

☐能够在老师的指导下完成镶配件加工工艺制订 ☐对于镶配件工艺制订存在一定的困难

☐能够遵守 5S 标准 ☐对 5S 管理还需加强认识

☐作品已完成并提交 ☐作品未完成　原因：＿＿＿＿＿＿

☐工作页已完成并提交 ☐工作页未完成　原因：＿＿＿＿＿＿

2. 工件自检与测评

				凸凹件评分表			
考核项目	考核内容	考核要求/mm	配分	评分标准	学生检查	教师检查	备注
件1	尺寸精度	60 ± 0.05	5	超差不得分			
	尺寸精度	40 ± 0.05	5	超差不得分			
	尺寸精度	30 − 0.05	6	超差不得分			
	尺寸精度	20 − 0.05（两个）	8	超差不得分			
	位置精度	⊥ 0.05 A	6	超差不得分			
	位置精度	∥ 0.05 A	6	超差不得分			
	孔的精度	φ8H7（两个）	8	超差不得分			
	孔的中心距	30 ± 0.2	5	超差不得分			
件2	尺寸精度	60 ± 0.05	5	超差不得分			
	尺寸精度	40 ± 0.05	5	超差不得分			
	螺纹孔	M8（两个）	6	超差不得分			
	孔距	30 ± 0.2	5	超差不得分			
	配合间隙	0.08（10 处）	20	超差不得分			
安全	按安全文明生产有关规定操作和使用工、量具		10	违反安全文明生产有关规定，酌情倒扣 1～10 分			
总分							

3. 教师评价

（1）工作页 （2）工件

☐已完成并提交 ☐已完成并提交

☐未完成　未完成原因：＿＿＿＿＿ ☐未完成　未完成的原因：＿＿＿＿＿

（3）5S 评价

☐工具摆放整齐　　　　☐工位清理干净　　　　☐安全生产

教师：　　　　　　　　　　　　　　　　　日期：

工作页	项目 5　角度镶配件钳加工	姓名：	学号：
	学习领域：钳工技术	班级：	日期：

教学目标

（1）了解划线、锯割、锉削、钻孔方法及应用。

（2）掌握具有对称度要求的配合件的划线和工艺保证方法。

（3）掌握角度件的检验及误差修正方法。

（4）掌握钳工常用工具、量具的使用方法。

（5）掌握 V 形块、正弦规的使用方法。

导入

（1）测量角度时，常用的量具，大家想一想，说一说！

（2）你能说一说百分表的应用吗？

（3）V 形块与正弦规如何使用？

☆☆学习钳工从来就不是一件简单的事情

任务

下面我们将完成凸凹体加工，如图 1-5-1、图 1-5-2、图 1-5-3 所示。

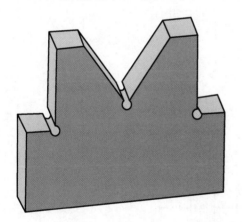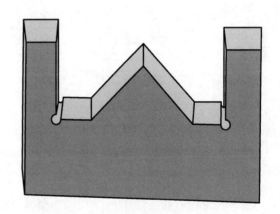

图 1-5-1　角度镶配件图示

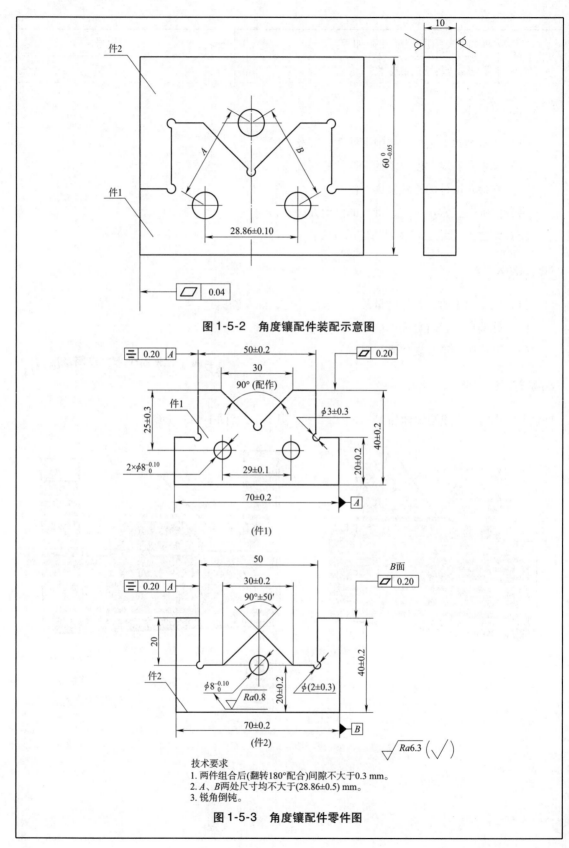

图 1-5-2 角度镶配件装配示意图

(件1)

B面

(件2)

技术要求
1. 两件组合后(翻转180°配合)间隙不大于0.3 mm。
2. A、B两处尺寸均不大于(28.86±0.5) mm。
3. 锐角倒钝。

图 1-5-3 角度镶配件零件图

📃·行 动

1. 角度镶配件加工注意事项

（1）在加工前要先检查毛坯工件的＿＿＿＿＿＿＿、＿＿＿＿＿＿＿＿是否符合＿＿＿＿＿＿＿＿的基本要求。

（2）在加工过程中一定要多＿＿＿＿＿＿＿工件加工时的尺寸，以保证达＿＿＿＿＿＿＿、＿＿＿＿＿＿＿及表面粗糙度要求。

（3）在测量工件过程中采用间接测量方法时，必须准确计算和控制有关工艺尺寸在＿＿＿＿＿＿＿允许公差范围之内。

（4）在加工工件的各个面时，工件的小面必须＿＿＿＿＿＿＿于工件的大平面。

（5）加工 90°凸角与 90°凹角时必须＿＿＿＿＿＿＿。

（6）钻床操作时必须遵守＿＿＿＿＿＿＿设备安全操作规程。

（7）为保证零件的加工＿＿＿＿＿＿＿，必须严格按照加工工艺方法、步骤认真加工工件。

（8）加工完成后要去除工件表面、边缘的＿＿＿＿＿＿＿。

（9）在镶配件的加工过程中要注意＿＿＿＿＿＿＿、＿＿＿＿＿＿＿的维护与使用。

2. V 形块与正弦规的使用方法

（1）V 形块主要用来安放轴、套筒、圆盘等＿＿＿＿＿＿＿工件，以便找中心线与划出＿＿＿＿＿＿＿。一般 V 形块都是一副＿＿＿＿＿＿＿，两块的平面与 V 形槽都是在一次安装中磨出的。精密 V 形块的尺寸相互表面间的平行度，垂直度误差在＿＿＿＿＿＿＿ mm 之内，V 形槽的中心线必须在 V 形架的对称平面内并与底面＿＿＿＿＿＿＿，＿＿＿＿＿＿＿，＿＿＿＿＿＿＿的误差也在＿＿＿＿＿＿＿ mm 之内，V 形槽半角误差在 ±30° ~ ±1°范围内。精密 V 形块也可做＿＿＿＿＿＿＿的辅助，带有夹持弓架的 V 形块，可以把＿＿＿＿＿＿＿零件牢固的夹持在 V 形块上，翻转到各个位置＿＿＿＿＿＿＿。

（2）V 形块的应用如图 1-5-4、图 1-5-5 所示。

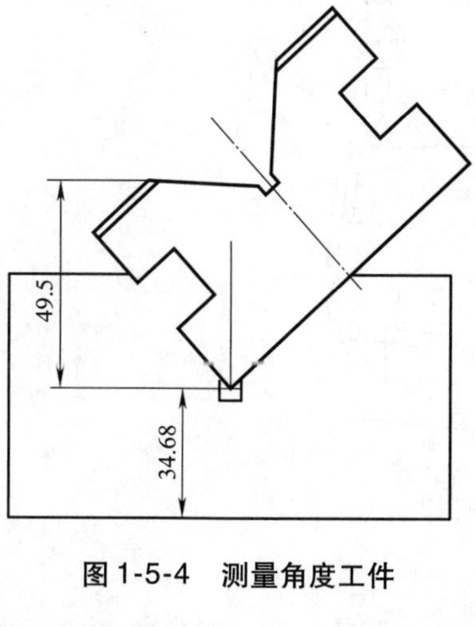

图 1-5-4　测量角度工件

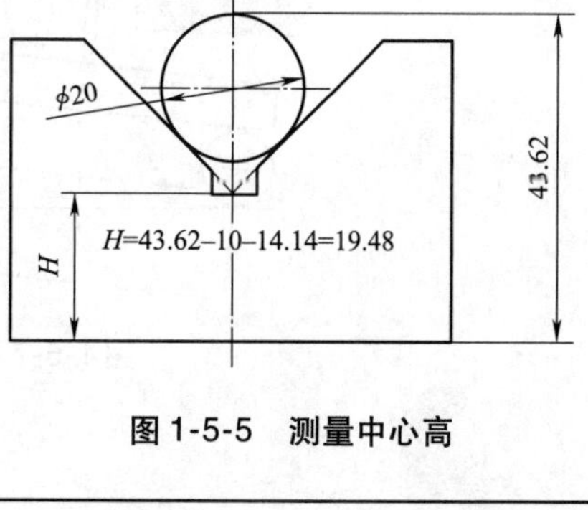

图 1-5-5　测量中心高

（3）正弦规（见图1-5-6）是用于准确检验零件及量规角度和锥度的量具。它是利用＿＿＿＿＿＿＿的正弦关系来度量的，故称正弦规或正弦尺、正弦台。

（4）正弦规主要由带有精密工作平面的主体和两个精密圆柱组成，四周可以装有挡板（使用时只装互相垂直的两块），测量时作为放置零件的定位板。国产正弦规有＿＿＿＿＿＿的和＿＿＿＿＿＿的两种，其规格见下表。

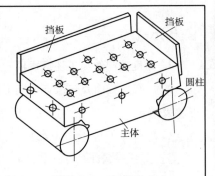

图1-5-6 正弦规（1）

两圆柱中心距/mm	圆柱直径/mm	工作台宽度/mm		精度等级
		窄型	宽型	
100	20	25	80	0.1级
200	30	40	80	

（5）应用正弦规测量零件＿＿＿＿＿＿时，先把正弦规放在精密＿＿＿＿＿＿上，被测零件（如圆锥塞规）放在正弦规的工作平面上，被测零件的＿＿＿＿＿＿面平靠在正弦规的挡板上（如圆锥塞规的前端面靠在正弦规的前挡板上）。在正弦规的一个圆柱下面垫入＿＿＿＿＿＿，用百分表检查零件全长的高度，调整量块尺寸，使百分表在零件全长上的读数＿＿＿＿＿＿。此时，就可应用直角三角形的正弦公式，算出零件的角度。

（6）如图1-5-7所示，应用公式计算量块 H 高度。

$$正弦公式：\sin 2\alpha = \frac{H}{L}$$

$$H = L \cdot \sin 2\alpha = \frac{H}{L}$$

式中：2α——圆锥的锥角（°）；

　　　H——量块的高度（mm）；

　　　L——正弦规两圆柱的中心距（mm）。

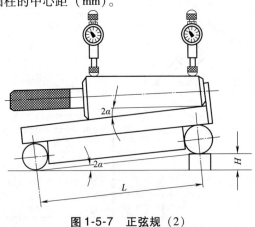

图1-5-7 正弦规（2）

3. 分析图纸

（1）根据图 1-5-2 所示可以看出该镶配件结构比较复杂，件 1 为 _____、有 _____，而且还要钻孔的配合件。而件 2 为 _____，但是在凹件内部又有一个 90°的凸角，件 2 上的孔与件 1 上的 2 个孔成 _____三角形分布。

（2）由于该镶配件加工难度较高，所以在加工该工件前，应正确选好 _____（包括 _____、_____），采用合理的加工步骤和合理的检测方法。

（3）不论是凸件还是凹件的加工都需要有 _____来测量，通过基准来达到各种 _____、_____等精度。

4. 实训器材

工具、量具列表如下表所示。

序号	名　　称	规　　格	精　　度	数量	备注
1	游标高度尺	0～300 mm	0.02 mm	1 把	
2	游标卡尺	0～150 mm	0.02 mm	1 把	
3	直角刀口尺	100 mm×80 mm	1 级	1 把	
4	千分尺	0～25 mm	0.01 mm	1 把	
5	千分尺	25～50 mm	0.01 mm	1 把	
6	千分尺	50～75 mm	0.01 mm	1 把	
7	千分尺	75～100 mm	0.01 mm	1 把	
8	万能角度尺	0～320°	2′	1 把	
9	塞尺	自定	自定	1 套	
10	塞规	ϕ8 mm	ϕ8H7	1 套	
11	锉刀	自定		自定	
12	直柄麻花钻	自定		自定	
13	手用或机用铰刀	ϕ8 mm	H7	1	
14	铰杠	自定		自定	
15	锉刀刷及毛刷	自定		自定	
16	软钳口	自定		1 付	
17	划线工具	自定		自定	
18	锯弓锯条	自定		自定	
19	手锤、錾子	自定		自定	
20	杠杆表及表架	自定		1 套	
21	90°V 形块	自定	自定	1	
22	划线平台	自定		1	
23	材料	72 mm×42 mm×8 mm		2	

5. 确定基准件加工工艺

（1）件 1 加工工艺简图，如图 1-5-8 所示。

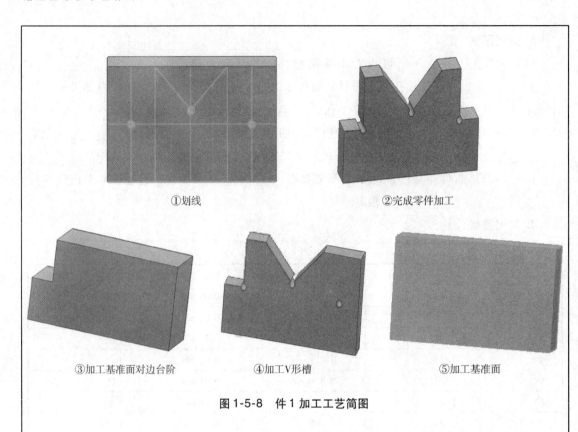

①划线　　　　　　　　　②完成零件加工

③加工基准面对边台阶　　④加工V形槽　　　　⑤加工基准面

图1-5-8　件1加工工艺简图

（2）检测方法工艺简图如图1-5-9所示（自己选择）。

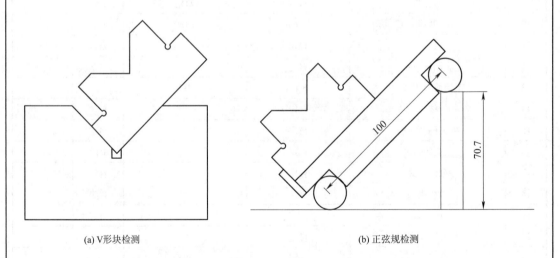

(a) V形块检测　　　　　　　　(b) 正弦规检测

图1-5-9　检测方法

在下表中完成件1实训步骤的填写。

（单位名称）	加工工艺卡		产品名称	角度镶配件	图号		
			零件名称	件1	数量	1	第 页
材料成分	Q235	毛坯尺寸：72 mm×42 mm×8 mm				共 页	
名称	工序内容	车间	设备	工具		3D 工艺简图（序号）	
				量具刃具辅具			
备料	按下料示意图，加工毛坯，尺寸为 72 mm×42 mm×8 mm。	钳工车间	台虎钳	铁锯			
锉削	按零件图 1 锉削加工外形尺寸，保证尺寸精度（70±0.02）mm 和 $40_{-0.02}^{0}$ mm 及相应几何精度要求。	钳工车间	台虎钳				
划线	划出的线清晰，划线完成以后，样冲点准确。	钳工车间	划线平台				
锯、锉削	锯割，加工基准面对边台阶并锉削保证形位公差及尺寸公差要求	钳工车间	台虎钳				
锯、锉削	锯割并锉削加工 V 形槽。	钳工车间	台虎钳				
锯、锉削	锯割并锉削加工基准面台阶，保证形位公差及尺寸公差要求	钳工车间	台虎钳				

6. 确定配合件的加工工艺

（1）件 2 加工工艺简图，如图 1-5-10 所示。

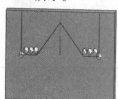

①配作外形精加工　②划线打排孔　③完成外形粗加工

图 1-5-10　件 2 加工工艺简图

（2）角度镶配件装配示意图，如图 1-5-11 所示。

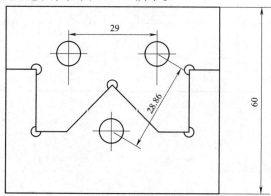

图 1-5-11　装配示意图

（3）在下表中完成镶配件实训步骤的填写，工艺简图参见图1-5-10。

（单位名称）	加工工艺卡		产品名称	角度镶配件	图号		
			零件名称	件2	数量	1	第 页
材料成分	Q235	毛坯尺寸：72 mm×42 mm×8 mm				共 页	
名称	工序内容	车间	设备	工具		3D工艺简图	
				量具刃具辅具		（序号）	
备料	按下料示意图，加工毛坯，尺寸为72 mm×42 mm×8 mm	钳工车间	台虎钳	手锯			
锉削		钳工车间	台虎钳				

7. 工作中遇到的问题

你在工作中遇到了哪些问题？是如何解决的。

8. 经验总结

请写出你在加工过程中总结出的几点经验。

✎ 纠错

（1）工、量、夹具使用纠错。

（2）工艺制订纠错。

（3）教师过程纠错及5S点评。

评价

1. 自我评价

☐对于镶配件钳加工有一定的理解　　☐对与镶配件钳加工还需进一步练习与理解

☐能够在老师的指导下完成镶配件加工工艺制定　☐对于镶配件工艺制定存在一定的困难

☐能够遵守 5S 标准　　☐对 5S 管理还需加强认识

☐作品已完成并提交　　☐作品未完成　原因：＿＿＿＿＿＿

☐工作页已完成并提交　☐工作页未完成　原因：＿＿＿＿＿

2. 工件自检与测评

考核项目	考核内容		考核要求/mm	配分	评分标准	学生检测	教师检测	备注
件1	1	尺寸精度	50±0.2	2	超差不得分			
	2	尺寸精度	40±0.2	2	超差不得分			
	3	尺寸精度	20±0.2	2	超差不得分			
	4	尺寸精度	70±0.02	2	超差不得分			
	5	尺寸精度	25±0.2	2	超差不得分			
	6	平面度	0.2（8处）	8	超差不得分			
	7	对称度	0.2	4	超差不得分			
	8	尺寸精度	$\phi 8^{+0.10}_{0}$	4	超差不得分			
件2	1	尺寸精度	70±0.2	2	超差不得分			
	2	尺寸精度	40±0.2	2	超差不得分			
	3	尺寸精度	30±0.2	2	超差不得分			
	4	尺寸精度	25±0.3	2	超差不得分			
	5	尺寸精度	$8^{+1.10}_{0}$	4	超差不得分			
	6	角度公差	90°±50′	5	超差不得分			
	7	平面度公差	0.20（8处）	8	超差不得分			
	8	对称度公差	0.20	4	超差不得分			
配合	1	尺寸精度	60±0.2	4	超差不得分			
	2	尺寸精度	28.86±0.5（3处）	6	超差不得分			
	3	平面度公差	0.05	3	超差不得分			
	4	配合间隙	(0.20) 16处	32	超差不得分			
其他		违反安全文明生产有关规定，酌情倒扣 1~5 分		总分				

3. 教师评价

（1）工作页　　　　　　　　　　（2）工件

☐已完成并提交　　　　　　　　　☐已完成并提交

☐未完成　未完成原因：＿＿＿＿　☐未完成　未完成的原因：＿＿＿＿

（3）5S 评价

☐工具摆放整齐　　　☐工位清理干净　　　☐安全生产

教师：　　　　　　　　　　　　　日期：

工作页	项目6　火车头（图1-6-11）钳加工 任务1　安全教育与内形加工	姓名：	学号：
	学习领域：钳工技术	班级：	日期：

教学目标

（1）明确火车头手动加工要求，确定火车头加工方案，获得加工装配检测总体印象。

（2）会根据火车头加工做出规划，确定手动加工的材料、设备、工具、量具等。

（3）能够初步描述钳工应完成的工作内容与流程、明确学习目标。

（4）注意手动加工操作中的各项安全事项。

（5）掌握内形加工方法。

（6）能做好现场5S管理。

本项目所需材料

名称	规格（型号）/mm	数量	备注
板料	230×65×6	30个	
板料	180×55×8	30个	
板料	150×150×1	30个	
圆钢	φ35	3米	冷拔（光面）
圆柱销	φ10×40	30个	
内六方螺钉	M10×40	30个	镀铬
内六方螺钉	M8×15	180个	镀铬
沉头螺钉	M4×10	500个	镀铬
钻头	φ3.3	0支	
钻头	φ4.2	50支	
钻头	φ5	10支	
钻头	φ6.8	10支	
钻头	φ7.5	10支	
钻头	φ8.7	10支	
钻头	φ11	10支	
钻头	φ20	2支	
丝锥	M4	50副	手用丝锥
丝锥	M8	10副	手用丝锥
丝锥	M10	10副	手用丝锥
轴承	S698ZZ	180个	（8×19×6）
平锉刀	14寸（350中齿纹）	30个	350×33×8
方锉刀	12寸（中齿纹）	30个	300×11
三角锉	10寸（中齿纹）	30个	250×16

注：数量按15组计算

（1）在进入工作场地前，需要穿戴好劳保用品，仔细观察图1-6-1，指出着装有无问题，并说出应如何合理着装？

(a)

(b)

(c)

图　1-6-1

图1-6-1（a）的问题：

图1-6-1（b）的问题：

图1-6-1（c）的问题：

（2）钳工工作场地管理规章制度。

（3）下图1-6-2列出了钳工常用设备的一些图例，通过参观及查阅资料，写出它们的名称和用途。

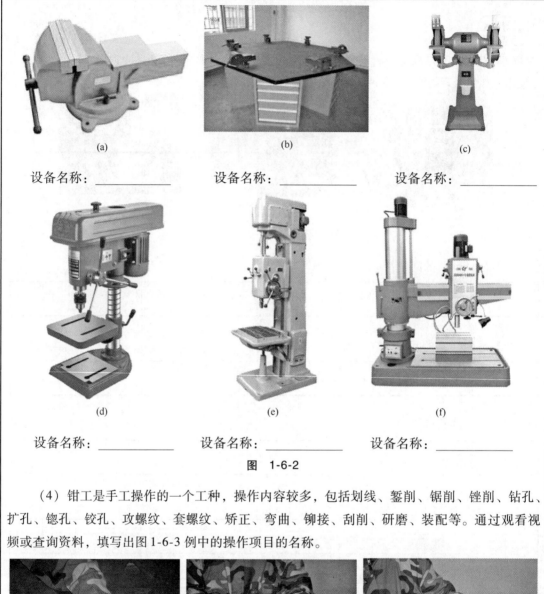

设备名称：＿＿＿＿＿＿＿　　设备名称：＿＿＿＿＿＿＿　　设备名称：＿＿＿＿＿＿＿

设备名称：＿＿＿＿＿＿＿　　设备名称：＿＿＿＿＿＿＿　　设备名称：＿＿＿＿＿＿＿

图　1-6-2

（4）钳工是手工操作的一个工种，操作内容较多，包括划线、錾削、锯削、锉削、钻孔、扩孔、锪孔、铰孔、攻螺纹、套螺纹、矫正、弯曲、铆接、刮削、研磨、装配等。通过观看视频或查询资料，填写出图 1-6-3 例中的操作项目的名称。

＿＿＿＿＿＿＿　　　　　　＿＿＿＿＿＿＿　　　　　　＿＿＿＿＿＿＿

图　1-6-3

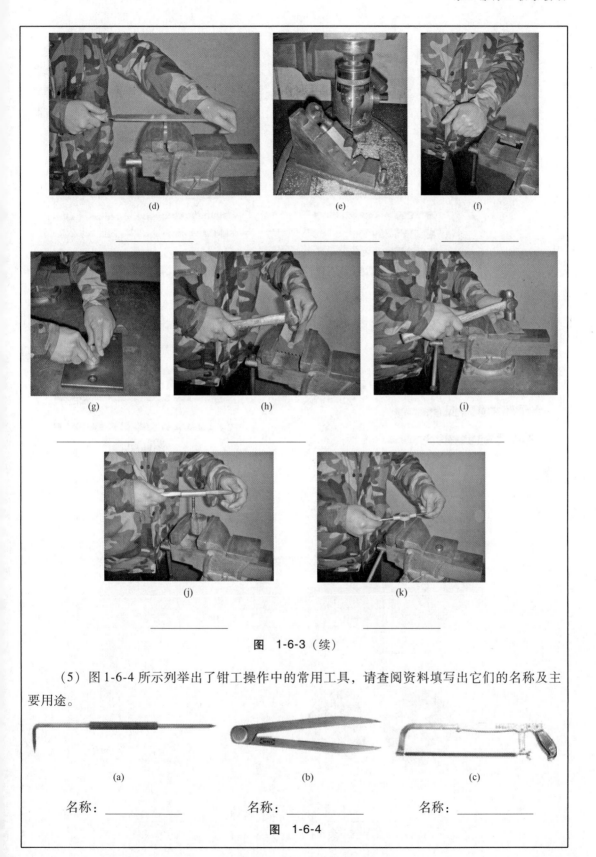

图 1-6-3（续）

（5）图 1-6-4 所示列举出了钳工操作中的常用工具，请查阅资料填写出它们的名称及主要用途。

名称：_____   名称：_____   名称：_____

图 1-6-4

(d) 　　　　　　　　　(e) 　　　　　　　　　(f)

名称：_____　　　名称：_____　　　名称：_____

(g) 　　　　　　　　　(h) 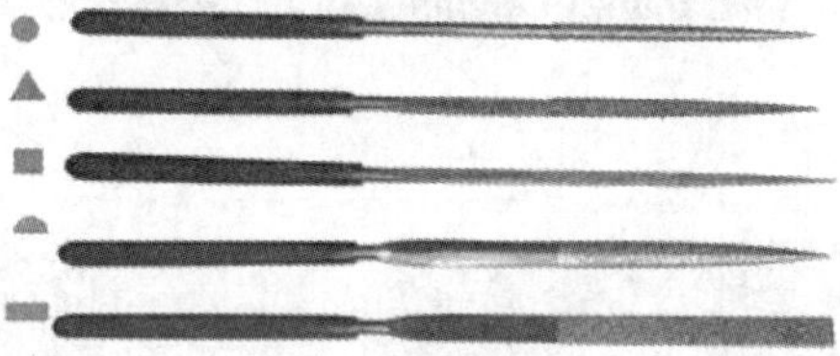　　　　　　　　　(i)

名称：_____　　　名称：_____　　　名称：_____

(j) 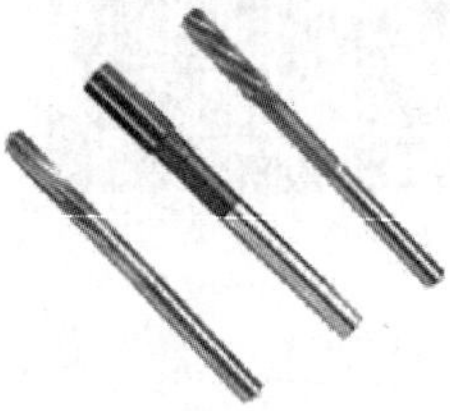　　　　　　　　　(k) 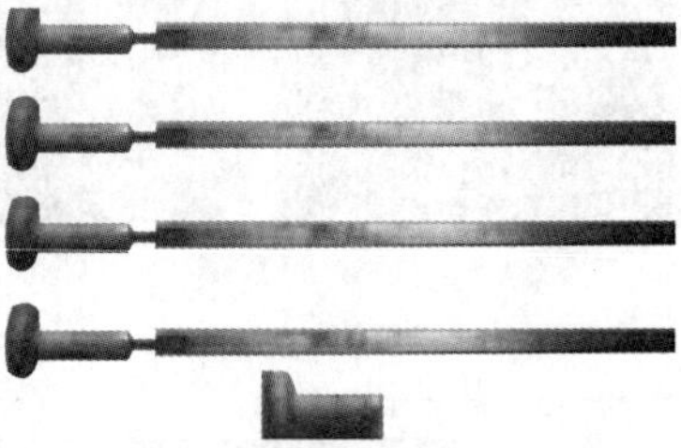　　　　　　　　　(l)

名称：_____　　　名称：_____　　　名称：_____

(m) 　　　　　　　　　　　　　　　(n)

名称：_____　　　　　　　名称：_____

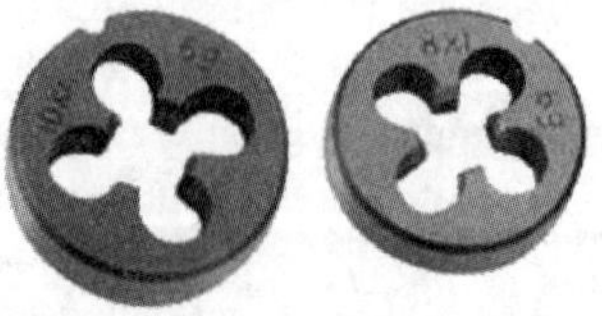

(o) 　　　　　　　　　　　　　　　(p)

名称：_____　　　　　　　名称：_____

图　1-6-4（续）

（6）在现代机械制造业中，对零件的质量提出了越来越高的要求，只有通过准确的技术测量手段才能保证零件的质量。用来测量、检验零件及产品尺寸和形状的工具称为量具。图 1-6-5 中列举出了钳工操作中的常用量具，请查阅资料填写出它们的名称。

(a)

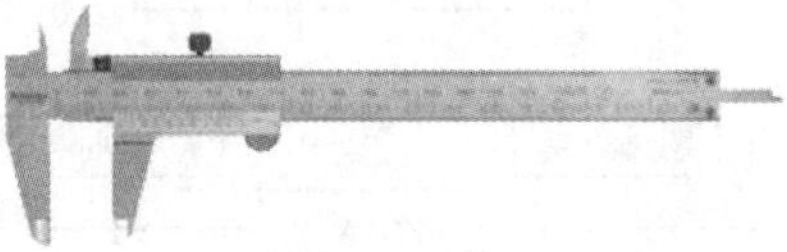

名称：＿＿＿＿＿＿

(b)

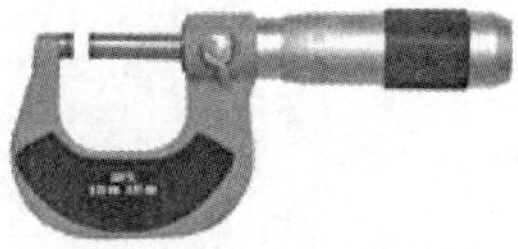

名称：＿＿＿＿＿＿

(c)

名称：＿＿＿＿＿＿

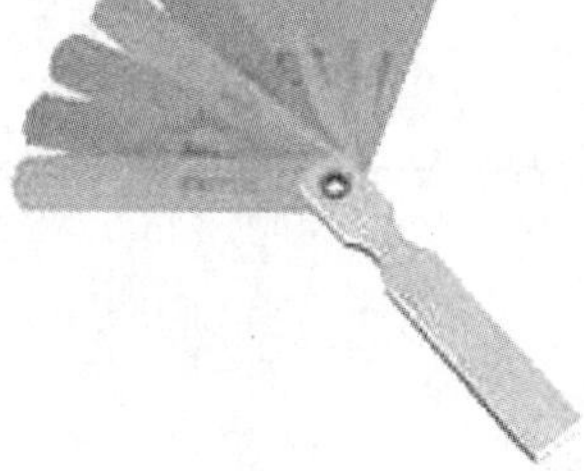

(d)

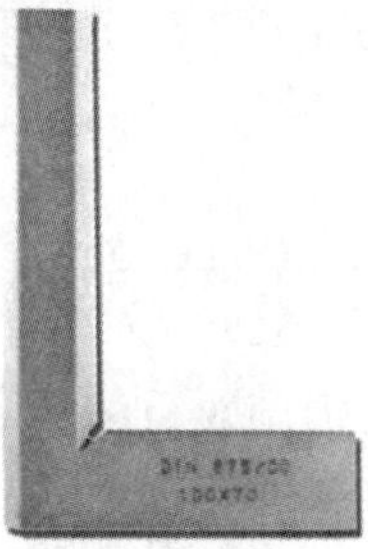

名称：＿＿＿＿＿＿

(e)

名称：＿＿＿＿＿＿

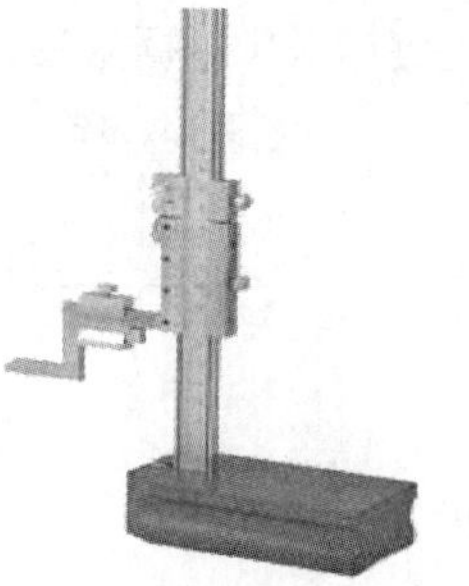

(f)

名称：＿＿＿＿＿＿

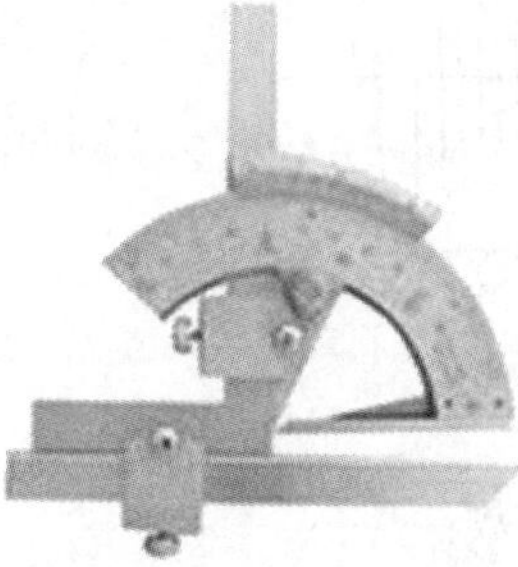

(g)

名称：＿＿＿＿＿＿

(h)

名称：＿＿＿＿＿＿

(i)

名称：＿＿＿＿＿＿

图　1-6-5

（7）查阅资料，写出 5S 管理规范的含义和目的。钳工工作台工具摆放标准如图 1-6-6 所示。

	名　称	含　义	目　的
1	整理（seiri）		
2	整顿（seiton）		
3	清扫（seiso）		
4	清洁（seiketsu）		
5	素养（shitsuke）		

图　1-6-6

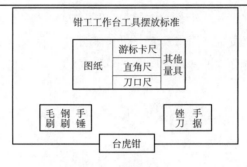

图 1-6-6（续）

（8）游标卡尺数据认读，如图 1-6-7 请读取图 1-6-8 至图 1-6-10 所示的数值填至方框中。

图 1-6-7

例：

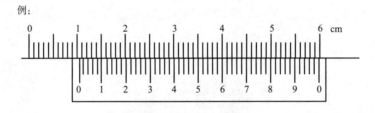

图 1-6-8

主尺读数：	游标尺读数：	总读数：

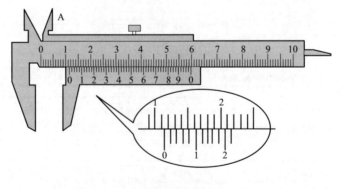

图 1-6-9

主尺读数：	游标尺读数：	总读数：

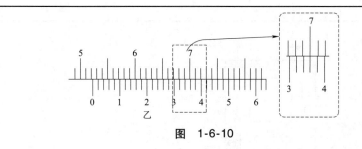

图　1-6-10

主尺读数：	游标尺读数：	总读数：

＊完成以上内容，请与老师沟通。

学习我们是认真的！！

（任务）

（1）项目工作内容：火车头钳加工与装配，装配图如图 1-6-11 所示。

（2）任务 1-完成侧面板 1 零件加工，如图 1-6-12 所示。

（3）任务 2-完成侧面板 2 零件加工，如图 1-6-13 所示。

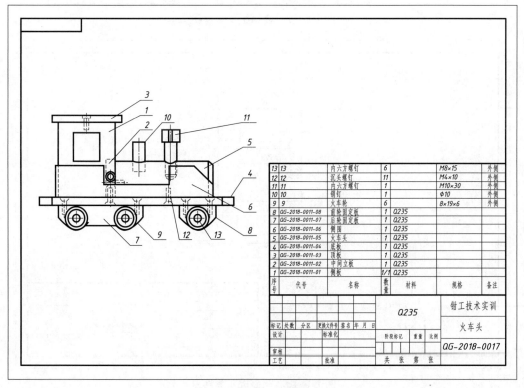

13	13		内六方螺钉	6		M8×15	外侧
12	12		沉头螺钉	11		M4×10	外侧
11	11		内六方螺钉	1		M10×30	外侧
10	10		钳钉	1		Φ10	外侧
9	9		火车轮	6		8×19×6	外侧
8	8	QG-2018-0011-08	前轮固定板	1	Q235		
7	7	QG-2018-0011-07	后轮固定板	1	Q235		
6	6	QG-2018-0011-06	侧板	1	Q235		
5	5	QG-2018-0011-05	火车头	1	Q235		
4	4	QG-2018-0011-04	底板	1	Q235		
3	3	QG-2018-0011-03	顶板	1	Q235		
2	2	QG-2018-0011-02	中间立板	1	Q235		
1	1	QG-2018-0011-01	侧板	1/1	Q235		
序号		代号	名称	数量	材料	规格	备注

				Q235	钳工技术实训
标记 处数 分区	更换文件号 签名 年 月 日				火车头
设计		标准化		阶段标记	重量	比例	
审核						QG-2018-0017
工艺		批准		共 张 第 张	

图 1-6-11　装配图

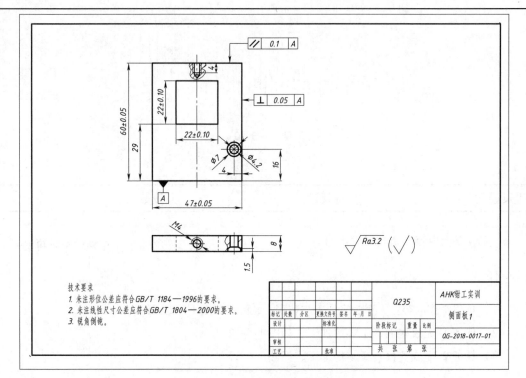

技术要求
1. 未注形位公差应符合GB/T 1184—1996的要求。
2. 未注线性尺寸公差应符合GB/T 1804—2000的要求。
3. 锐角倒钝。

							Q235	AHK钳工实训
标记	处数	分区	更换文件号	签名	年 月 日			侧面板1
设计			标准化			阶段标记	重量 比例	
审核								QG-2018-0017-01
工艺			批准			共 张	第 张	

图 1-6-12 侧面板1 零件图

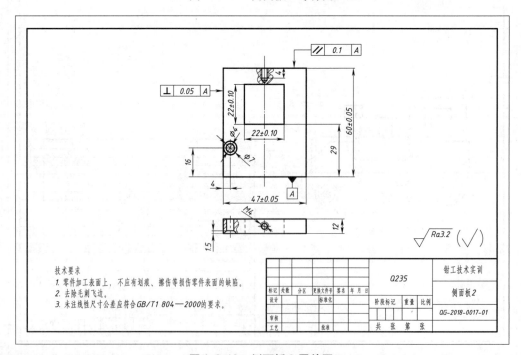

技术要求
1. 零件加工表面上，不应有划痕、擦伤等损伤零件表面的缺陷。
2. 去除毛刺飞边。
3. 未注线性尺寸公差应符合GB/T1 804—2000的要求。

							Q235	钳工技术实训
标记	处数	分区	更换文件号	签名	年 月 日			侧面板2
设计			标准化			阶段标记	重量 比例	
审核								QG-2018-0017-01
工艺			批准			共 张	第 张	

图 1-6-13 侧面板2 零件图

🖥·行（动）

（1）火车头共有 _____ 个部分组成，分别是 _____、_____、

_____、_____、_____、_____、_____、

_____、_____、_____、_____、_____。

（2）侧面板的加工分为_____加工和_____加工两个部分。外形加工时，应先加工_____，划线，根据毛坯料的余量情况，按尺寸进行锯削或锉削加工。请大家思考内形加工方法？

（3）请注意右图中的材料去除方法，结合侧面板的实际情况，请确定侧面板内形加工的加工步骤，并填写在表中。

工序	操作内容	精度要求	主要工量具
1			
2			
3			
4			
5			
6			
7			
8			
9			

温馨提示：钻排孔时可选用 $\phi4$、$\phi10$、$\phi20$ 的钻头，依据选用的钻头直径不同，排孔的数量亦不相同，如图1-6-14所示，以选用 $\phi4$ 钻头进行排孔为例，划线步骤如下：

①利用高度尺划线，划线位置距离实际尺寸线3 mm，也就是孔的边缘距离实际尺寸为1 mm，保留锉削余量。

②每间隔4 mm划中心线，确定孔的中心位置，线条要清晰。

图1-6-14　排孔

（方形孔尺寸为22 mm，每条边排5个孔即可）

（4）请填写侧面板加工工艺卡。

吉电职院	加工工艺卡		产品名称	火车头		图号			
			零件名称	侧面板		数量		2	第　页
材料		毛坯尺寸							共　页
工序	名称	工序内容		车间	设备	工具		草图	
						量具刃具	辅具		
1	备料	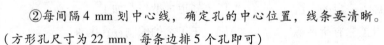下料，尺寸为___ mm × ___ mm × ___ mm		钳工车间	台虎钳	手锯	软钳口、毛刷		

续表

工序	名称	工序内容	车间	设备	工具		草图
					量具刃具	辅具	
2							
3							
4							
5							
6							
7							

＊＊行动模式——两人一组完成作品，以小组成绩确定个人成绩。＊＊

纠错

（1）工、量、夹具使用纠错。

（2）工艺制订纠错。

（3）过程纠错及 5S 点评。

评价

1. 自我评价

□熟读并理解钳工安全操作规程　　　　　　□对钳工安全操作规程了解一点

□掌握钳工的工作内容　　　　　　　　　　□对于钳工的工作内容了解一点

□掌握 5S 管理标准　　　　　　　　　　　　□对 5S 管理标准了解一点

□对于零件内型加工掌握了一定的方法　　　□不知道内型怎么加工

□对于制作零件的钳加工工艺有所理解　　　□对于工艺的编制存在困难

□工作页已完成并提交　　　　　　　　　　□工作页未完成　原因：_____

□作品已完成提交　　　　　　　　　　　　□作品未完成提交　原因：_____

2. 考核标准评分表

侧面板 1（10 分）					
评分项目	标准尺寸/mm	测量尺寸	赋分	得分	备　注
尺寸要求	60 ± 0.05		1		每超差 0.02 扣 0.2 分
	47 ± 0.05		1		每超差 0.02 扣 0.2 分
	22 ± 0.1		1		每超差 0.02 扣 0.2 分
	22 ± 0.1		1		每超差 0.02 扣 0.2 分

续表

评分项目	标准尺寸/mm	测量尺寸	赋分	得分	备 注
形位要求	平行度 0.10		1		每超差 0.02 扣 0.1 分
	垂直度 0.10		1		每超差 0.02 扣 0.1 分
工作效率	合格完成排名:		0~1 分		第 1~5 组完成为 1 分；第 6~10 组完成为 0.5 分；第 11~13 组此项为 0 分
成本情况	废品数:		0~1 分		无废品记为 1 分；每产生 1 次废品扣 0.5 分，扣完为止
安全操作	安全记录:		0~1 分		无安全事故记为 1 分，如出现安全事故此项目整体记为 0 分
职业素养（5 s）	提醒记录:		0~1 分		$n<5$，记 1 分；$10>n>5$，记 0.5 分；$n>10$，记 0 分。n 为提醒次数

侧面板 2（10 分）

评分项目	标准尺寸/mm	测量尺寸	赋分	得分	备 注
尺寸要求	60 ± 0.05		1		每超差 0.02 扣 0.2 分
	47 ± 0.05		1		每超差 0.02 扣 0.2 分
	22 ± 0.1		1		每超差 0.02 扣 0.2 分
	22 ± 0.1		1		每超差 0.02 扣 0.2 分
形位要求	平行度 0.10		1		每超差 0.02 扣 0.1 分
	垂直度 0.10		1		每超差 0.02 扣 0.1 分
工作效率	合格完成排名:		0~1 分		第 1~5 组完成为 1 分；第 6~10 组完成为 0.5 分；第 11~13 组此项记为 0 分
成本情况	废品数:		0~1 分		无废品记为 1 分；每产生 1 次废品扣 0.5 分，扣完为止
安全操作	安全记录:		0~1 分		无安全事故记为 1 分，如出现安全事故此项目整体记为 0 分
职业素养（5 s）	提醒记录:		0~1 分		$n<5$，记 1 分；$10>n>5$，记 0.5 分；$n>10$，记 0 分。n 为提醒次数

3. 教师评价

（1）工作页

□已完成并提交

□未完成　未完成原因：_____

（2）5S 评价

□工具摆放整齐　　　　　□工位清理干净　　　　　□安全生产

（3）作品完成情况

□未完成　　　□合格　　　□良好　　　□优秀

评语：　　　　　　　　　　　　　　　　　　　　日期：

学习我们是认真的！！

工作页	项目6　火车头钳加工 任务2　平面加工与孔加工	姓名：	学号：
	学习领域：钳工技术	班级：	日期：

教学目标

(1) 掌握盲孔加工方法。

(2) 掌握螺纹底孔计算方法。

(3) 掌握螺纹盲孔的加工方法。

(4) 能正确使用钻床与选用钻头。

(5) 熟悉锪孔和扩孔加工方法。

导入

1. 钻头

(1) 钻头的选用

请查阅资料，参阅图1-6-15完成以下填空：

钻削时要根据孔径的_____和_____选择合适的钻头。钻削直径≤30 mm的低精度孔，选用与孔径_____直径的钻头一次钻出；钻削30～80 mm的低精度孔，可用_____倍孔径的钻头进行钻，然后扩孔；对于高精度孔，应先钻底孔，留出加工余量，然后进行扩孔和铰孔。

(2) 切削用量，如图1-6-16所示。

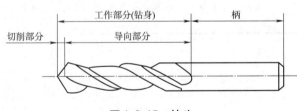

图1-6-15　钻头

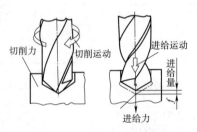

图1-6-16　切削用量

切削速度 v :

进给量 f :

切削深度 h :

(3) 钻床转速的选择

现要使用 $\phi20$ 及 $\phi3.2$ 高速钢麻花钻钻钢件，根据主教材所示数据，加工钢件时 $v = 15 \sim 20$ m/min，试计算钻削两个不同孔径的通孔时设置的钻床转速各是多少？

2. 钻孔的注意事项

(1) 手动进钻时，进给力不宜_____，防止钻头发生弯曲，使孔歪斜。孔将钻穿时，进给力必须_____，以防止进给量突然过大，造成钻头折断发生事故。钻通孔时，零件底部应加_____。

（2）钻孔过程中如切屑过长，应及时抬起钻头实施_____。

（3）钻床变速应_____。

（4）钻盲孔（不通孔）时要注意掌握钻孔_____，以免将孔钻深出现质量事故。控制钻孔深度的方法有：调整好钻床上深度标尺挡块；安置控制长度量具或用粉笔做标记。

3. 攻螺纹

参照图 1-6-17，图 1-6-18 完成下面填空。

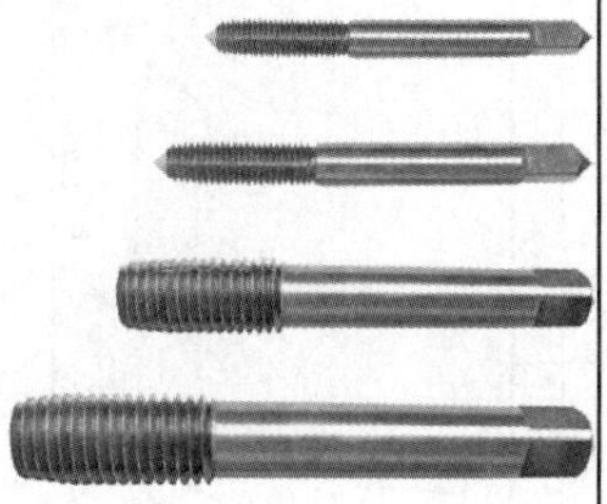

（1）工件装夹时，要使孔中心垂直于_____，防止螺纹攻歪。

（2）攻螺纹前要先_____，攻螺纹过程中，丝锥牙齿对材料既有切削作用还有一定的_____作用，所以一般钻孔直径 D 略_____螺纹的内径，可查表或根据下列经验公式计算 [加工钢料及塑性金属时 D（钻孔直径）$= d$（螺纹外径）$- P$（螺距）；加工铸铁及脆性金属时 $D = d - 1.1P$]。

图 1-6-17　丝锥

（3）钻出底孔和锪孔后，用_____和_____对工件攻 M12 螺纹，注意攻螺纹前工件夹持位置要正确，应尽可能把底孔中心线置于垂直位置，便于攻螺纹时掌握丝锥是否垂直于工件。

（4）用头锥攻螺纹时，先旋入 1～2 圈后，要检查丝锥是否与孔端面_____（可目测或使用直角尺在互相垂直的两个方向检查）。当切削部分已切入工件后，每转 1～2 圈应反转_____圈，以便切屑断落；同时不能再施加压力（即只转动不加压），以免丝锥崩牙或攻出的螺纹齿较瘦。

（5）攻钢件上的内螺纹，要加机油_____，可使螺纹光洁、省力并延长丝锥使用寿命；攻铸铁上的内螺纹可不加润滑剂或煤油；攻铝及铝合金、紫铜上的内螺纹，可加乳化液。

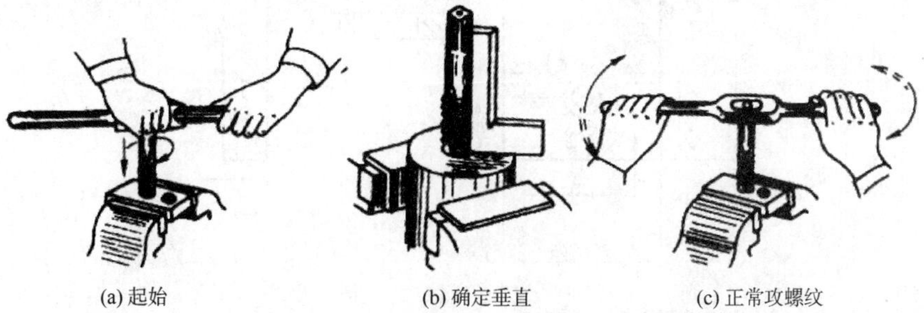

(a) 起始　　　　　(b) 确定垂直　　　　　(c) 正常攻螺纹

图 1-6-18　攻螺纹

温馨提示：盲孔攻螺纹时应注意：①钻孔深度要有一定余量。②攻时螺纹锥要勤退，防止铁屑挤坏丝锥。③要有足够的冷却水。④严格控制攻丝长度。

✵完成以上内容，请与老师沟通。

学习我们是认真的！！

（1）完成顶盖的钳加工（见图1-6-19）。

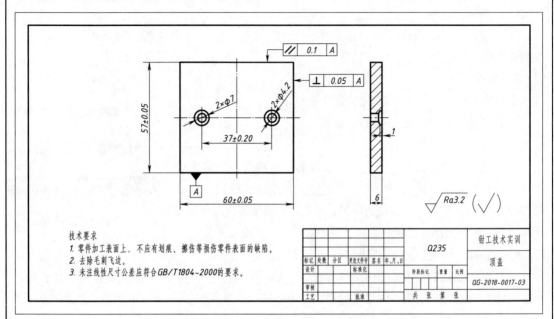

图 1-6-19　顶盖零件图

（2）完成正面立板的钳加工（见图1-6-20）。

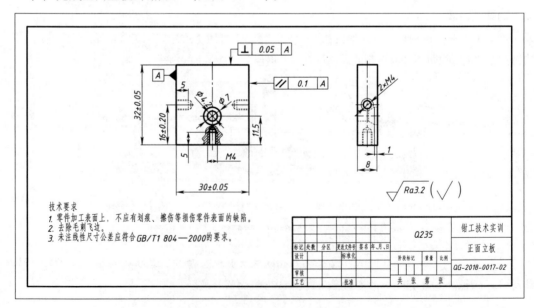

图 1-6-20　正面立板零件图

温馨提示：沉孔：将紧固件的头部完全沉入零件的阶梯孔。通孔：指的是可以穿过的孔。盲孔：指是不通的孔，也就是一端是不通的孔。

💻**行动**

1. 扩孔

直径超过 ϕ30 的孔一般分两次进行加工，第一次用（0.5～0.7）D 的钻头进行加工，再用所需直径的钻头将恐扩大到所要求的直径。分两次钻削，既有利于钻头的使用，也有利于提高钻孔质量。用扩孔钻或麻花钻，将工件上原有的孔进行扩大加工的方法称为扩孔。查阅相关资料，写出扩孔的特点及扩孔时的注意事项。

扩孔的特点：

扩孔的注意事项：

2. 锪孔

用锪钻或用麻花钻改制的锪钻进行孔口形面的加工，称为锪孔。查阅相关资料，结合图 1-6-21 填写以下内容。

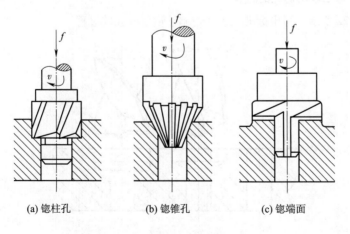

(a) 锪柱孔   (b) 锪锥孔   (c) 锪端面

图 1-6-21 锪孔

（1）锪孔的形式有：_____；_____；_____。

锪孔的主要作用是：

（2）锪孔时刀具容易产生振动使所锪的端面或锥面出现振痕，特别是使用麻花钻改制的锪钻，振痕更为严重。为此在锪孔时应注意以下几点：

①

②

③

3. 钻、扩、锪三步法锪孔的过程

根据图 1-6-22 所示，写出标准三步法锪制柱形沉头孔的过程。

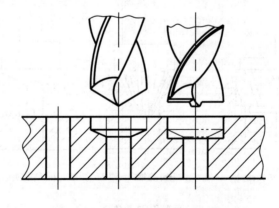

图 1-6-22　钻、扩、锪三步法示意图

4. 攻螺纹前钻底孔直径和深度的确定以及孔口的倒角

（1）底孔直径的确定 $D=d$（螺纹大径）$-p$（螺距）（请自行查找 p 值）

确定底孔直径为：＿＿＿＿＿＿＿＿

（2）钻孔深度的确定

攻盲孔的螺纹时，因丝锥不能攻到底，所以孔的深度要大于螺纹的长度，盲孔的深度可按下面的公式计算：孔深＝螺纹深度＋0.7d。

钻孔深度为：＿＿＿＿＿＿＿＿

（3）孔口倒角

攻螺纹前要在钻孔的孔口进行倒角，以力于丝锥的定位和切入。倒角的深度要大于螺纹的螺距。

5. 请填写顶盖加工工艺卡

吉电职院	加工工艺卡		产品名称	火车头		图号			
			零件名称	顶盖		数量			第　页
材料				毛坯尺寸					共　页
工序	名称	工序内容	车间	设备		工具		草图	
					量具刃具	辅具			
1	备料	按下料示意图，加工毛坯，尺寸为___ mm×___ mm×___ mm	钳工车间	台虎钳	手锯	软钳口、毛刷			
2									
3									
4									
5									
6									
7									
8									

6. 请填写正面板加工工艺卡

吉电职院	加工工艺卡		产品名称	火车头		图号		
			零件名称	正面板		数量		第　页
材料				毛坯尺寸				共　页
工序	名称	工序内容	车间	设备	工具		草图	
					量具刃具	辅具		
1	备料	按下料示意图，加工毛坯，尺寸为 ___ mm×___ mm×___ mm	钳工车间	台虎钳	手锯	软钳口、毛刷		
2								
3								
4								
5								
6								
7								
8								

纠错

（1）工、量、夹具使用纠错。

（2）工艺制订纠错。

（3）过程纠错及 5S 点评。

学习我们是认真的！！

评价

1. 自我评价

☐对于零件孔加工掌握了一定的方法　　　　☐不确定孔的加工顺序

☐对于攻螺纹的工具使用正确，方法熟练　　☐螺纹加工存在困难

☐对于制作零件的钳加工工艺有所理解　　　☐对于工艺的编制存在困难

☐工作页已完成并提交　　　　　　　　　　☐工作页未完成　　原因：_____

☐作品已完成提交　　　　　　　　　　　　☐作品未完成　　原因：_____

2. 考核标准评分表

顶盖（10 分）					
评分项目	标准尺寸/mm	测量尺寸/mm	赋分	得分	备　注
尺寸要求	60 ± 0.05		1.5		每超差 0.02 mm 扣 0.2 分
	57 ± 0.05		1.5		每超差 0.02 mm 扣 0.2 分
	37 ± 0.20		1		每超差 0.02 mm 扣 0.2 分
形位要求	平行度 0.10		1		每超差 0.02 mm 扣 0.2 分
	垂直度 0.10		1		每超差 0.02 mm 扣 0.2 分

工作效率	合格完成排名：	0~1分		第1~5组完成为1分；第6~10组完成为0.5分；第11~13组此项记为0分
成本情况	废品数：	0~1分		无废品记为1分；每产生1次废品扣0.5分，扣完为止
安全操作	安全记录：	0~1分		无安全事故记为1分，如出现安全事故此项目整体记为0分
职业素养 （5S）	提醒记录：	0~1分		$n<5$，记1分；$10>n>5$，记0.5分；$n>10$，记0分。n为提醒次数

正面立板（5分）				
评分项目	标准尺寸/mm	测量尺寸	赋分	得分	备　　注

评分项目	标准尺寸/mm	测量尺寸	赋分	得分	备　　注
尺寸要求	32 ± 0.05		1		每超差0.02 mm扣0.2分
	30 ± 0.05		1		每超差0.02 mm扣0.2分
几何要求	垂直度0.10 mm		1		每超差0.02扣0.2分
工作效率	合格完成排名：		0~0.5分		第1~5组完成为0.5分；第6~10组完成为0.25分；第11~13组此项记为0分
成本情况	废品数：		0~0.5分		无废品记为0.5分；每产生1次废品扣0.25分，扣完为止
安全操作	安全记录：		0~0.5分		无安全事故记为0.5分，如出现安全事故此项目整体记为0分
职业素养 （5s）	提醒记录：		0~0.5分		$n<5$，记0.5分；$10>n>5$，记0.25分；$n>10$，记0分 n为提醒次数

3. 教师评价

（1）工作页

□已完成并提交

□未完成　未完成原因：＿＿＿＿＿＿＿＿＿＿＿＿＿

（2）5S评价

□工具摆放整齐　　　　　　□工位清理干净　　　　　　□安全生产

（3）作品完成情况

□未完成　　　　□合格　　　　□良好　　　　□优秀

评语：　　　　　　　　　　　　　　　　　　　　　　　　日期：

工作页	项目6　火车头钳加工 任务3　工艺制订与曲面加工	姓名：	学号：
	学习领域：钳工技术	班级：	日期：

教 学 目 标

（1）熟悉工艺制订方法，能正确填写工艺卡。
（2）掌握曲面钳加工方法。
（3）掌握平面锉削修整方法。

导 入

1. 万能角度尺

万能角度尺是用来测量工件内、外角度的量具，万能角度尺的读数机构是根据游标原理制成的。主尺刻线每格为1°，主尺与游标一格的差值为2′，也就是说万能角度尺读数准确度为2′。除此之外还有5′和10′两种精度。其读数方法与游标卡尺完全相同。其测量范围如图1-6-23所示。

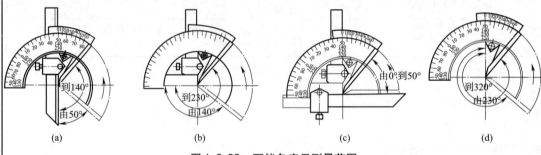

图1-6-23　万能角度尺测量范围

_____到_____度　　_____到_____度　　_____到_____度　　_____到_____度

先从主尺上读取游标0刻线左边的整读数，再从副尺游标上读出与主尺刻线对其重合为一条线的刻数线，将主尺上读出的度"°"和副尺游标上读出的分"′"相加就是被测的角度数。试读图1-6-24所示两组游标万能角度尺读数分别为_____和_____。

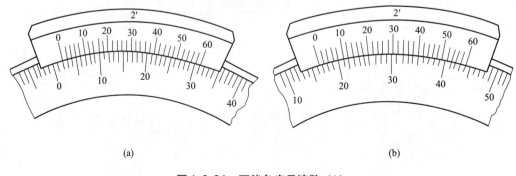

图1-6-24　万能角度尺读数（1）

试读出图1-6-25中的游标万能角度尺的角度数值为：_____

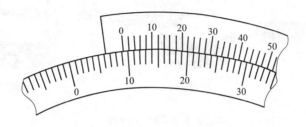

图1-6-25　万能角度尺读数（2）

2. 百分表

如图1-6-26所示，百分表是利用精密齿条齿轮机构制成的表式通用长度测量工具。通常由测头、量杆、防震弹簧、齿条、齿轮、游丝、圆表盘及指针等组成。主要用于测量制件的尺寸和形状、位置误差，如圆度、圆跳动、平面度、平行度、直线度等，也可用于机床上安装工件时的精密找正。分度值为0.01 mm，测量范围为0~3 mm、0~5 mm、0~10 mm。

3. 千分尺

为了提高测量精度，我们可以使用外径千分尺进行测量。外径千分尺是生产中常用的一种精密量具，测量精度比游标卡尺高，其测量精度为0.01 mm。主要用来测量工件长、宽、厚和直径。其规格按测量范围可分为0~25 mm、25~50 mm、50~75 mm、75~100 mm、100~125 mm等。

（1）千分尺的种类按用途可分为外径千分尺、内径千分尺、深度千分尺等几种。其中外径千分尺由尺架、固定测砧、测微螺杆、固定套管、微分筒、测力装置和锁紧装置等组成（图1-6-27所示为0~25mm外径千分尺结构图）。

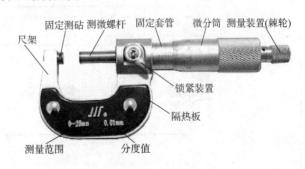

1-6-26　百分表　　　　图1-6-27　千分尺

温馨提示：千分尺在每次使用前都应该先使用校对量杆进行_____工作，如图1-6-28所示，保证测量精度。测量时，先转动微分筒，当测量面接近工件时，改用棘轮，直到棘轮发出"吱、吱"声为止。

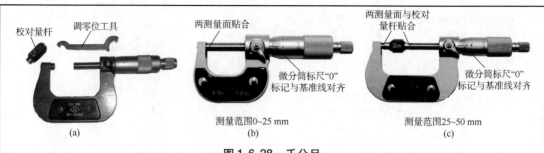

图 1-6-28　千分尺

（2）试读图 1-6-29 中各千分尺数值。

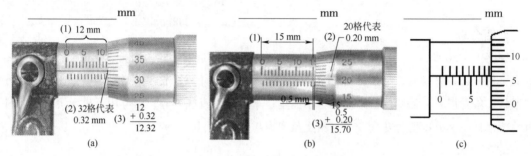

图 1-6-29　千分尺识读图例

☀完成以上内容，请与老师沟通。　　　　学习我们是认真的！！

任务

（1）完成底座的钳加工（见图 1-6-30）。

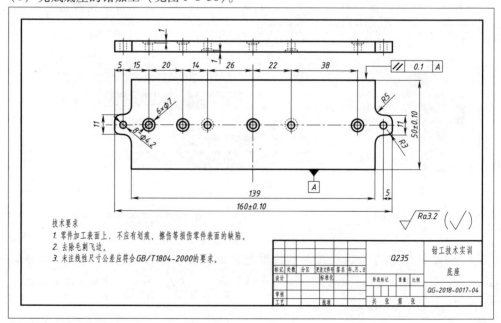

技术要求
1. 零件加工表面上，不应有划痕、擦伤等损伤零件表面的缺陷。
2. 去除毛刺飞边。
3. 未注线性尺寸公差应符合 GB/T1804-2000 的要求。

标记	处数	分区	更改文件号	签名	年、月、日		钳工技术实训
设计			标准化			Q235	底座
审核							
工艺		批准				共　张　第　张	QG-2018-0017-04

图 1-6-30　底座零件图

（2）完成大安装板的钳加工（见图1-6-31）。

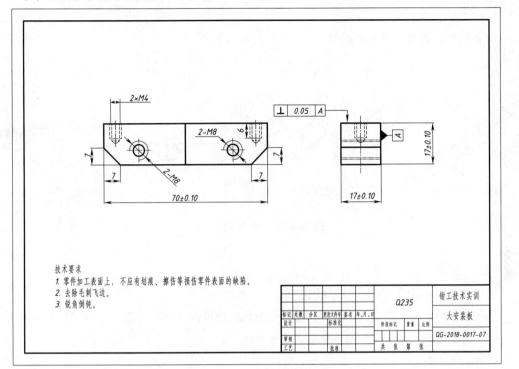

技术要求
1. 零件加工表面上，不应有划痕、擦伤等损伤零件表面的缺陷。
2. 去除毛刺飞边。
3. 锐角倒钝。

							Q235	钳工技术实训
标记	处数	分区	更改文件号	签名	年、月、日			大安装板
设计			标准化			阶段标记	重量	比例
审核								QG-2018-0017-07
工艺			批准			共 张 第 张		

图 1-6-31 大安装板零件图

（3）完成小安装板的钳加工（见图1-6-32）。

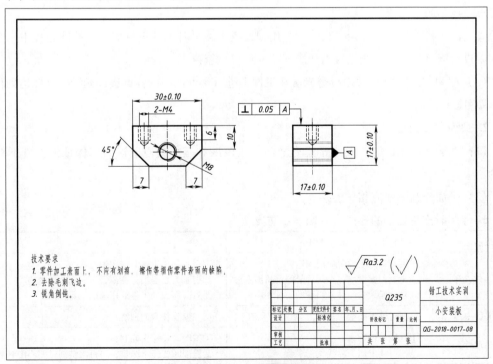

技术要求
1. 零件加工表面上，不应有划痕、擦伤等损伤零件表面的缺陷。
2. 去除毛刺飞边。
3. 锐角倒钝。

$\sqrt{Ra3.2}$ $\left(\sqrt{\quad}\right)$

							Q235	钳工技术实训
标记	处数	分区	更改文件号	签名	年、月、日			小安装板
设计			标准化			阶段标记	重量	比例
审核								QG-2018-0017-08
工艺			批准			共 张 第 张		

图 1-6-32 小安装板零件图

◈ 行动

1. 曲面加工方法（见图 1-6-33）

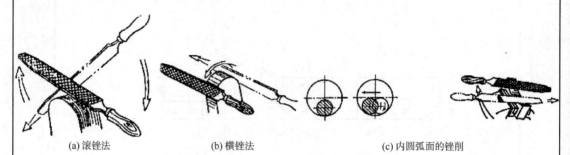

　(a) 滚锉法　　　　　(b) 横锉法　　　　(c) 内圆弧面的锉削

图 1-6-33　曲面加工方法

（1）外圆弧的锉削

①运动形式：上下摆动式（平锉）。

②方法：将工件锯成多棱形横向锉削，锉至划线处后改用顺锉法进一步加工，横向圆弧锉法，用于圆弧粗加工；滚锉法用于精加工或余量较小时。

（2）内圆弧锉削

①运动形式：（工具—半圆锉）。

a 前进运动；b 向左或向右移动；c 饶锉刀中心线转动；

三个运动同时完成。

②方法：将工件大部分余量去除后，用圆锉或半圆锉对工件进行加工，锉削过程中三个运动同时进行锉至加工线后改用推锉法顺锉纹并进行检查修正。

（3）检测方法：用 R 规通过透光法在工件上进行 4 点检测，各点透过光线匀称并达到尺寸要求即可。

2. 曲面加工的注意事项

（1）在锉削圆弧面时，要经常检查横向的直线度和基面的垂直度，并保证弧面外形线轮廓度。

（2）平面与圆弧面应相切连接。

3. 锉削时产生废品的形式、原因及预防方法

废品形式	原　因	预防方法
工件夹坏	①夹紧加工工件时应用铜钳口 ②夹紧力要恰当，夹薄管最好用弧形木垫 ③对薄面大的工件要用辅助工具夹持	①夹紧加工工件时应用铜钳口 ②夹紧力要恰当，夹薄管最好用弧形木垫 ③对薄面大的工件要用辅助工具夹持
平面中凸	锉削时锉刀摇摆	加强锉削技术的训练
工件尺寸大小	①划线不正确 ②锉刀锉出加工界线	①按图样尺寸正确划线 ②挫削时要经常测量，对每次链削量要心中有数

废品形式	原 因	预防方法
表面不光洁	①锉刀粗细选用不当 ②锉屑嵌在锉刀中未及时消除	①合理选用锉刀 ②经常清除锉刀
不应锉的部分 被锉掉	①锉垂直面时未选用光边锉刀 ②锉刀打滑锉伤邻近表面	①应选用光边锉 ②注意消除油污等引起打滑的因素

4. 请填写底座加工工艺卡

吉电职院	加工工艺卡		产品名称	火车头		图号		
			零件名称	底座		数量		第　页
材料				毛坯尺寸				共　页
工序	名称	工序内容	车间	设备	工具		草图	
					量具刃具	辅具		
1	备料	按下料示意图，加工毛坯，尺寸为___ mm×___ mm×___ mm	钳工车间	台虎钳	手锯	软钳口、毛刷		
2								
3								
4								
5								
6								

请将你们的专业讨论内容记录下来。

序号	讨论内容	讨论结果	备　注
1			
2			
3			

5. 请填写大安装板加工工艺卡

吉电职院	加工工艺卡		产品名称	火车头		图号		
			零件名称	大安装板		数量		第　页
材料				毛坯尺寸				共　页
工序	名称	工序内容	车间	设备	工具		草图	
					量具刃具	辅具		
1	备料	按下料示意图，加工毛坯，尺寸为___ mm×___ mm×___ mm	钳工车间	台虎钳	手锯、	软钳口、毛刷		
2								
3								
4								
5								
6								
7								

请将你们的专业讨论内容记录下来。

序号	讨论内容	讨论结果	备　注
1			
2			
3			

6. 请填写小安装板加工工艺卡

吉电职院	加工工艺卡		产品名称	火车头		图号		
			零件名称	小安装板		数量		第　页
材料				毛坯尺寸				共　页
工序	名称	工序内容	车间	设备	工具		草图	
					量具刃具	辅具		
1	备料	按下料示意图，加工毛坯，尺寸为 ___ mm × ___ mm × ___ mm	钳工车间	台虎钳	手锯、	软钳口、毛刷		
2								
3								
4								
5								
6								

请将你们的专业讨论内容记录下来

序号	讨论内容	讨论结果	备　注
1			
2			
3			

纠错

（1）工、量、夹具使用纠错。

（2）工艺制订纠错。

（3）过程纠错及5S点评。

评价

1. 自我评价

□对于零件曲面加工掌握了一定的方法　　□还没有掌握曲面加工方法

□能熟练使用角度尺进行不同角度测量　　□对于万能角度尺的使用还没有灵活掌握

□能熟练使用千分尺进行测量　　□还需熟悉一段时间

□对于制作零件的钳加工工艺有所理解　　□对于工艺的编制存在困难

□工作页已完成并提交　　□工作页未完成　原因：＿＿＿＿＿＿＿＿

□作品已完成提交　　□作品未完成提交　原因：＿＿＿＿＿＿＿

2. 考核标准评分表

底座（10分）					
	标准尺寸/mm	测量尺寸/mm	赋分	得分	备注
尺寸要求	160 ± 0.10		1.5分		每超差 0.02 mm 扣 0.2 分
	50 ± 0.10		1.5分		每超差 0.02 mm 扣 0.2 分
形位要求	平面度 0.10		1.5分		每超差 0.02 mm 扣 0.2 分
	平行度 0.20		1.5分		每超差 0.02 mm 扣 0.2 分
工作效率	合格完成排名：		0~1分		第 1~5 组完成为 1 分；第 6~10 组完成为 0.5 分；第 11~13 组此项记为 0 分
成本情况	废品数：		0~1分		无废品记为 1 分；每产生 1 次废品扣 0.5 分，扣完为止
安全操作	安全记录：		0~1分		无安全事故记为 1 分，如出现安全事故此项目整体记为 0 分
职业素养（5S）	提醒记录：		0~1分		$n < 5$，记 1 分；$10 > n > 5$，记 0.5 分；$n > 10$，记 0 分。n 为提醒次数

大安装板（10分）					
评分项目	标准尺寸/mm	测量尺寸/mm	赋分	得分	备注
尺寸要求	70 ± 0.1		1		每超差 0.02 mm 扣 0.2 分
	17 ± 0.1		1		每超差 0.02 mm 扣 0.2 分
	17 ± 0.1		1		每超差 0.02 mm 扣 0.2 分
形位要求	垂直度 0.10		1		每超差 0.02 mm 扣 0.2 分
角度	45° ± 4′		1		每超差 2′ 扣 0.2 分
	45° ± 4′		1		每超差 2′ 扣 0.2 分
工作效率	合格完成排名：		0~1分		第 1~5 组完成为 1 分；第 6~10 组完成为 0.5 分；第 11~13 组此项记为 0 分
成本情况	废品数：		0~1分		无废品记为 1 分；每产生 1 次废品扣 0.5 分，扣完为止
安全操作	安全记录：		0~1分		无安全事故记为 1 分，如出现安全事故此项目整体记为 0 分
职业素养（5S）	提醒记录：		0~1分		$n < 5$，记 1 分；$10 > n > 5$，记 0.5 分；$n > 10$，记 0 分；n 为提醒次数

小安装板（10分）					
评分项目	标准尺寸/mm	测量尺寸	赋分	得分	备注
尺寸要求	30 ± 0.10		1		每超差 0.02 mm 扣 0.2 分
	17 ± 0.1		1		每超差 0.02 mm 扣 0.2 分
	17 ± 0.1		1		每超差 0.02 mm 扣 0.2 分
形位要求	垂直度 0.10		1		每超差 0.02 mm 扣 0.2 分

续表

评分项目	标准尺寸/mm	测量尺寸	赋分	得分	备 注
角度	45°±4′		1		每超差2′扣0.1分
	45°±4′		1		每超差2′扣0.1分
工作效率	合格完成排名：		0~1分		第1~5组完成为1分；第6~10组完成为0.5分；第11~13组此项记为0分
成本情况	废品数：		0~1分		无废品记为1分；每产生1次废品扣0.5分，扣完为止
安全操作	安全记录：		0~1分		无安全事故记为1分，如出现安全事故此项目整体记为0分
职业素养(5S)	提醒记录：		0~1分		$n<5$，记1分；$10>n>5$，记0.5分；$n>10$，记0分 n为提醒次数

3. 教师评价度

（1）工作页

□已完成并提交

□未完成　未完成原因：_____

（2）5S评价

□工具摆放整齐　　　□工位清理干净　　　□安全生产

（3）作品完成情况

□未完成　　□合格　　□良好　　□优秀

评语：　　　　　　　　　　　　　　　　　　　**日期：**

学习我们是认真的！

工作页	项目6　火车头钳加工 任务4　倒角、弯形与圆形料加工	姓名：	学号：
	学习领域：钳工技术	班级：	日期：

 教学目标

（1）掌握 V 形铁使用方法。

（2）掌握圆形料的划线方法。

（3）掌握冷弯形的加工方法。

（4）掌握钳工倒角方法。

（5）掌握圆料和薄板钻孔方法与注意事项。

导入

1. V 形铁的使用

V 形铁，如图 1-6-34 所示，通常用于＿＿＿＿＿＿＿＿类零件检验、校正、划线，还可用于检验工件垂直度，平行度。精密轴类零件的检测、划线、定仪及机械加工中的装夹。也可用来安放套筒，圆盘等圆形工件，以便找出中心线与划出中心线。精密 V 形块也可做划线，带有夹持弓架的 V 形块，可以把圆柱形工件牢固的夹持在 V 形块上，翻转到各个位置划线。

图 1-6-34　V 形铁

2. 划线方法

划线分＿＿＿＿＿＿＿＿划线和＿＿＿＿＿＿＿＿划线。＿＿＿＿＿＿＿＿划线是在工件的一个表面上划线，方法与机械制图相似。＿＿＿＿＿＿＿＿划线是在工件的几个表面上划线，如在长、宽、高方向或其他倾斜方向上划线。工件的立体划线通常在划线平台上进行，划线时，工件多用千斤顶来支承，有的工件也可用方箱、V 形块等支承。

完成以上内容，请与老师沟通。

学习我们是认真的！！

1. 完成车身的钳加工（见图1-6-35）

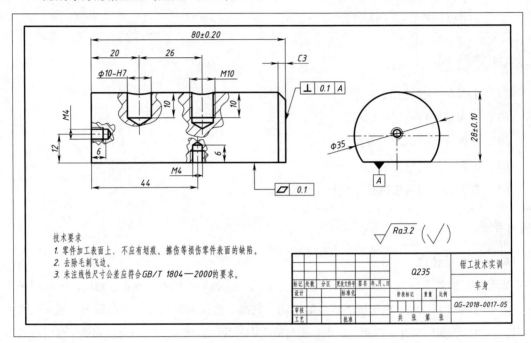

图1-6-35　车身零件图

2. 完成侧围的钳加工（见图1-6-36）

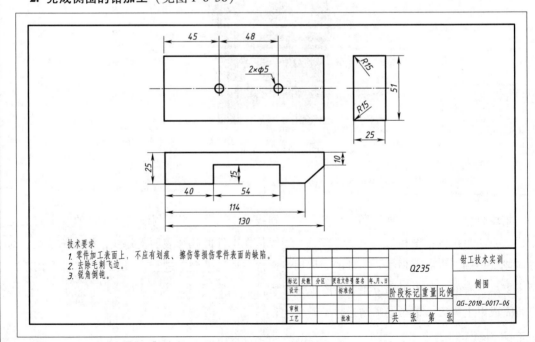

图1-6-36　侧围零件图

行动

1. 铰孔

用铰刀从工件孔壁上切除微量金属层,以获得较高尺寸精度和较小表面粗糙度值的方法,称为铰孔。查阅资料,填写以下内容。

(1) 由于铰刀刀齿数量多、导向性好、尺寸精度高,因此铰孔加工精度一般可达_____级,表面粗糙度可达_____。

(2) 结合表格中所列铰刀的类型,查阅资料,填写常用铰刀的结构特点与应用。

分类			结构特点与应用
按使用方法	手用铰刀		
	机用铰刀		
按结构	整体式铰刀		
	可调式铰刀		
按外部形状	直槽铰刀		
	锥铰刀	1:10 锥铰刀	
		莫氏锥铰刀	
		1:30 锥铰刀	
		1:50 锥铰刀	
	螺旋槽铰刀		
按切削部分材料	高速钢铰刀		
	硬质合金铰刀		

(3) 铰削余量的确定通常要考虑到_____、_____、_____、铰刀类型及加工工艺等多种因素。一般粗铰余量为 0.15 ~ 0.35 mm,精铰余量为 0.05 ~ 0.2 mm。

(4) 机铰时为了获得较小的表面粗糙度,必须避免产生积屑瘤,减少切削热及变形,因此必须取较小的切削速度。用高速钢铰刀铰削钢件时 U = _____ m/min;铰铸铁时 U = _____ m/min;铰铜件时 U = _____ m/min。并要选用适当的切削液,铰孔时加注切削液的主要目的是_____。

(5) 查阅资料,写出铰孔操作要点。

2. 矫正与弯形

(1) 定义

矫正:消除条料、棒料或板料的弯曲或翘曲等缺陷,这个作业称为矫正。

弯形：用板料、条料、棒料制成的零件，往往需要把直的钢材弯成曲线或弯成一定的角度，这种工作称为弯形。弯形工作是使材料产生塑性变形，因此只有塑性好的材料才能弯形。

知识链接：金属变形有两种（见图1-6-37），具体如下：

①弹性变形，在外力作用下，材料发生变形，外力去除，变形就恢复了。这种可以恢复的变形称为弹性变形。弹性变形量一般是较小的。

②塑性变形，当外力超过一定数值，外力去除后，材料变形不能完全恢复。这种不能恢复的永久变形称为塑性变形。

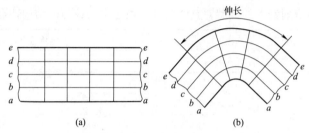

图1-6-37　金属变形形式

（2）弯形的方法

弯形的方法有两种：冷弯和热弯。

冷弯——在常温下进行弯形工作，叫冷弯。

热弯——将工件的弯形部分加热，呈现樱红色，然后进行弯形，称为热弯。

一般厚度在5 mm以上的板料须进行热弯。热弯一般都由锻工进行。通常情况下钳工只进行冷弯的操作。

（3）冷弯直角

薄板和扁钢，可以不用特殊的器具，就可在虎钳上弯成直角。弯形部位，事前要划好线，并把它夹持在台虎钳上。夹持时，使划线处恰好与钳口（或衬铁）对齐，两边要与钳口相垂直。如果钳口的宽度比工件短或深度不够时，可用角铁的夹持工具或直接用两根角铁来夹持工件，如图1-6-38所示。

此处用台虎钳夹住

图1-6-38　冷弯直角工件夹持示例

若弯形的工件在钳口以上较长时，用左手压在工件上部，用木锤在靠近弯形部位的全长上轻轻敲打，就可以逐渐弯成很整齐的角度。敲打板料上端进行弯形是错误的，如图1-6-39所示。

若弯形的工件，在钳口以上较短时，可用硬木块垫在弯角处，再用力敲打，弯成直角。用手锤直接敲打是错误的，会导致工件不易弯平整，如图1-6-40所示。

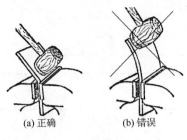

| (a) 正确 | (b) 错误 |

图 1-6-39　冷弯直角操作示例（一）

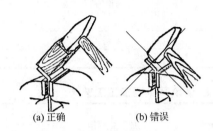

| (a) 正确 | (b) 错误 |

1-6-40　冷弯直角操作示例（二）

注意：在矫正和弯形的时候，废品种类和产生废品的原因包含如下几点。

①工件表面留有麻点和锤痕——由于用锤头的边缘锤击，或锤头表面不光滑，以及对加工过的表面或有色金属矫正时，用硬锤直接锤击造成的。

②工件断裂——矫正或弯形铸铁、淬硬钢，或塑性较差、组织不均匀的材料发生较大的变形时造成的。

③工件弯形部位发生断裂——由于材料太硬或太脆，r/t 值过小，锤击力过大，以及由于弯形方向搞错，再向反方向弯形时引起断裂。

④工件的弯缝歪斜或尺寸不正确——夹持不正，锤击偏向一边，用不正确的模型，锤击力量过重等。

⑤毛坯长度不够——弯形前毛坯长度计算错误。

⑥管子熔化或氧化太严重——由于管子热弯温度太高造成。

⑦管子有瘪痕，弯形处管内径变小且不圆——砂没灌满；尺寸有误差，受力点不对，重弯引起管子产生瘪痕。

⑧焊缝裂开——管子焊缝没放在中性层的位置上进行弯形。

◎ 只要在工作中细心操作和仔细检查、计算，就可以避免废品产生◎

3. 请填写车身加工工艺卡

吉电职院	加工工艺卡		产品名称	火车头		图号		
			零件名称	车身		数量		第　页
材料				毛坯尺寸				共　页
工序	名称	工序内容	车间	设备	工具		草图	
					量具刃具	辅具		
1	备料	按下料示意图，加工毛坯，尺寸为 ___ mm × ___ mm × ___ mm	钳工车间	台虎钳	手锯	软钳口、毛刷		
2								
3								
4								
5								
6								

请将你们的专业讨论内容记录下来。

序号	讨论内容	讨论结果	备　注
1			
2			
3			

4. 请填写侧围加工工艺卡

吉电职院	加工工艺卡		产品名称	火车头		图号		
			零件名称	侧围		数量		第　页
材料				毛坯尺寸				共　页
工序	名称	工序内容	车间	设备	工具		草图	
					量具刃具	辅具		
1	备料	按下料示意图，加工毛坯，尺寸为___ mm×___ mm×___ mm。	钳工车间	台虎钳	手锯、	软钳口、毛刷		
2								
3								
4								
5								
6								
7								

请将你们的专业讨论内容记录下来。

序号	讨论内容	讨论结果	备　注
1			
2			
3			

纠错

（1）工、量、夹具使用纠错。

（2）工艺制订纠错。

（3）过程纠错及 5S 点评。

评价

1. 自我评价

□了解了铰孔的作用和方法　　　　　　□对于铰孔的加工方法还没有完全掌握

□能独立操作钻床，完成铰孔　　　　　□不能独立完成铰孔工作

□能够正确选择折弯方式　　　　　　　□还需熟悉一段时间

□能够正确的选择弯形工具完成侧围弯形　□对于侧围弯形不能独立完成

□工作页已完成并提交　　　　　　　　□工作页未完成　　原因：

□作品已完成提交　　　　　　　　　　□作品未完成提交　原因：

2. 考核标准评分表

					车身（10分）
评分项目	标准尺寸/mm	测量尺寸/mm	赋分	得分	备 注
尺寸要求	80±0.20		1.5		每超差0.02扣0.2分
	28±0.10		1.5		每超差0.02扣0.2分
形位要求	垂直度0.10		1.5		每超差0.02扣0.2分
	平面度0.10		1.5		每超差0.02扣0.2分
工作效率	合格完成排名：		0～1分		第1～5组完成为1分；第6～10组完成为0.5分；第11～13组此项记为0分
成本情况	废品数：		0～1分		无废品记为1分；每产生1次废品扣0.5分，扣完为止
安全操作	安全记录：		0～1分		无安全事故记为1分，如出现安全事故此项目整体记为0分
职业素养（5S）	提醒记录：		0～1分		$n<5$，记1分；$10>n>5$，记0.5分；$n>10$，记0分 n为提醒次数

					侧围（6分）
评分项目	标准尺寸/mm	测量尺寸/mm	赋分	得分	备 注
尺寸要求	51		1		每超差0.02扣0.2分
	25		1		每超差0.02扣0.2分
孔距尺寸	45		1		每超差0.02扣0.2分
	48		1		每超差0.02扣0.2分
工作效率	合格完成排名：		0～0.5分		第1～5组完成为0.5分；第6～10组完成为0.25分；第11～13组此项为0分
成本情况	废品数：		0～0.5分		无废品记为0.5分；每产生1次废品扣0.25分，扣完为止
安全操作	安全记录：		0～0.5分		无安全事故记为0.5分，如出现安全事故此项目整体记为0分
职业素养（5S）	提醒记录：		0～0.5分		$n<5$，记0.5分；$10>n>5$，记0.25分；$n>10$，记0分 n为提醒次数

3. 教师评价度

（1）工作页

□已完成并提交

□未完成　未完成原因：＿＿＿＿＿＿＿＿

（2）5S评价

□工具摆放整齐　　　　□工位清理干净　　　　□安全生产

（3）作品完成情况

□未完成　　　□合格　　　□良好　　　□优秀

评语：　　　　　　　　　　　　　　　　　日期：

学习我们是认真的！

工作页	项目6　火车头钳加工 任务5　装配	姓名：	学号：
	学习领域：钳工技术	班级：	日期：

 教 学 目 标

（1）掌握装配相关专业术语。

（2）掌握装配工艺过程的阶段与组织形式。

（3）掌握装配工艺规程与装配方法。

（4）能正确完成火车头各零件整体装配。

导 入

装配图的识读

装配图是表达部件工作原理、装配关系及其主要零件的图样，是制订装配工艺规程，进行装配、检验、安装及维修的技术文件，也是表达设计思想、指导生产和交流技术的重要技术文件。火车头装配图如图1-6-41所示。

一张完整的装配图包括：＿＿＿＿＿＿＿＿＿＿＿＿＿＿＿＿＿＿＿＿＿＿＿＿＿＿＿＿。

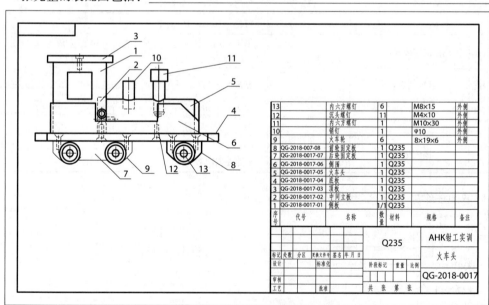

13		内六方螺钉	6		M8×15	外侧
12		沉头螺钉	11		M4×10	外侧
11		内六方螺钉	1		M10×30	外侧
10		销钉	1		Φ10	外侧
9		火车轮	1		8×19×6	外侧
8	QG-2018-007-08	前轮固定板	1	Q235		
7	QG-2018-0017-07	后轮固定板	1	Q235		
6	QG-2018-0017-06	侧围	1	Q235		
5	QG-2018-0017-05	火车头	1	Q235		
4	QG-2018-0017-04	底板	1	Q235		
3	QG-2018-0017-03	顶板	1	Q235		
2	QG-2018-0017-02	中间立板	1	Q235		
1	QG-2018-0017-01	侧板	1/1	Q235		
序号	代号	名称	数量	材料	规格	备注

Q235　　AHK钳工实训　火车头　QG-2018-0017

图1-6-41　火车头装配图

知识回顾：（1）识读装配图的步骤：①了解标题栏、了解明细栏、初看视图。②了解工作原理和装配关系。③分析视图，看懂零件的结构形状。④分析尺寸和技术要求。

（2）识读装配图的目的：①了解机器或部件的用途、工作原理、结构。②明确零件间的装配关系以及它们的装拆顺序。③看懂零件的主要结构形状机器在装配体中的功用。

☀完成以上内容，请与老师沟通。

学习我们是认真的！！

🎧**任务**

（1）完成火车头的整体装配（见图1-6-41）。

（2）工量具保养及入库。

💻**行动**

1. 查阅资料，解释术语

（1）装配：

（2）零件：

（3）部件：

（4）装配单元：

（5）装配基准件：

2. 查阅资料，填写相关内容

（1）装配工艺过程四个阶段可为_____、_____、_____和_____四个阶段。

（2）装配工作的组织形式随着生产类型和产品复杂程度不同，可分为_____和_____两种。

3. 装配前的准备工作

简述装配前的准备工作有哪些内容，有何重要意义。

4. 装配工艺规程及作用

何谓装配工艺规程？其有何作用？

5. 装配方法

常用的装配方法有哪些？

6. 整装工艺卡

请填写整装工艺卡。

吉电职院	加工工艺卡		产品名称	火车头		图号			
			零件名称	装配		数量			第　页
工序	名称	工序内容	车间	设备	工具		草图		
					量具刃具	辅具			
1	备料	按下料示意图，加工毛坯，尺寸为___ mm×___ mm×___ mm。	钳工车间	台虎钳	手锯	软钳口、毛刷			
2									
3									
4									
5									
6									

请将你们的专业讨论内容记录下来。

序号	讨论内容	讨论结果	备　注
1			
2			
3			

纠错

（1）工、量、夹具使用纠错。

（2）工艺制订纠错。

（3）过程纠错及 5S 点评。

评价

1. 自我评价

□对于零部件装配有了初步的认识　　□对于零部件的装配还是很陌生，摸不着头绪

□对于装配工艺有所理解　　□对于装配工艺的编制存在困难

□能够按照装配要求完成零部件装配   □在零部件装配过程中，遇到了很多问题，
                                        但是都能够解决完成。

□没有按照要求完成零部件装配，具体原因是：_____

□工作页已完成并提交   □工作页未完成   原因：

□作品已完成提交   □作品未完成提交

2. 考核标准评分表

整装（9分）						
评分项目	标　准	检测	赋分	得分	备　注	
装配准备	严格检查并清除零件加工时残留的锐角、毛刺和异物		1		每1处不合格扣0.2分	
连接件	多件连接无扭曲		1		每1处不合格扣0.2分	
安装	零件与组件必须正确安装在规定位置		2		每1处不合格扣0.2分	
旋转机构	转动灵活，轴承间隙合适		1		每1处不合格扣0.2分	
紧固件	螺钉锁紧后，紧固牢靠，无松动和脱落现象		1		每1处不合格扣0.2分	
工作效率	合格完成排名：		0～1分		第1～5组完成为1分；第6～10组完成为0.5分；第11～13组此项记为0分	
安全操作	安全记录：		0～1分		无安全事故记为1分，出现安全事故此项目整体记为0分	
职业素养（5S）	提醒记录：		0～1分		$n < 5$，记1分；$10 > n > 5$，记0.5分；$n > 10$，记0分 n为提醒次数	

工作页（10分）				
工作页1（2分）	工作页2（2分）	工作页3（2分）	工作页4（2分）	工作页5（2分）

3. 项目总评表

见后附。

4. 教师评价

学习我们是认真的！！

（1）工作页

□已完成并提交

□未完成   未完成原因：_____

（2）5S评价

□工具摆放整齐   □工位清理干净   □安全生产

（3）作品完成情况

□未完成   □合格   □良好   □优秀

评语：   日期：

	车厢35%				底盘30%			车体15%		装配10%	技术文件10%	
	侧面板1 10分	侧面板2 10分	顶盖 10分	正面立板 5分	底板 10分	大安装板 10分	小安装板 10分	侧围 6分	车头 10分	整装 9分	工作页+作业 10分	总分
1组												
2组												
3组												
4组												
5组												
6组												
7组												
8组												
9组												
10组												
11组												
12组												
13组												
14组												
15组												

项目总评表

工作页	项目7　平口钳制作 任务1　工艺分析	姓名：	学号：
	学习领域：钳工技术	班级：	日期：

教学目标

（1）明确平口钳手动加工要求，确定平口钳加工方案，获得加工装配检测总体印象。

（2）会根据平口钳加工做出规划，确定手动加工的材料、设备、工具、量具等。

（3）能够初步描述钳工应完成的工作内容与流程、明确学习目标。

（4）能够根据图样合理制订工艺卡。

（5）注意手动加工操作中的各项安全事项。

（6）能做好现场5S管理。

导入

平口钳又称机用虎钳，如图1-7-1所示，是一种通用夹具，常用于夹装小型工件，它是铣床、钻床的随机附件，将其固定在机床工作台上，用来夹持工件进行切削加工。本次钳工实训课程所加工为小型平口钳，钳工操作技能包括锉削、划线、锯割、钻孔、锪孔、铰孔、攻螺纹等操作技能，小型平口钳既实用又可以作为工艺品。

任务

（1）完成平口钳钳加工，如图1-7-2所示。

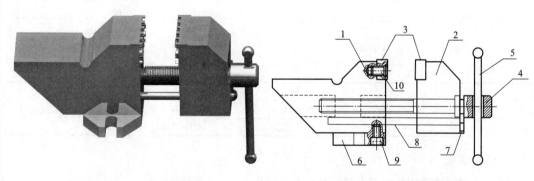

图1-7-1　平口钳3D视图

图1-7-2　平口钳装配图

1—固定钳身；2—活动钳身；3—钳口；

4—螺杆；5—手柄；6—底座；7—挡板；

8—导杆；9—内六方螺钉；10—沉头螺钉

（2）完成平口钳工艺分析。

行动

1. 材料准备

本项目所需材料，如下表所示。

名称	规格（型号）mm	数 量	备 注
板材	$100 \times 45 \times 30$	30 个	（按 30 组计算）
板材	$60 \times 35 \times 8$	30 个	（按 30 组计算）
板材	$1000 \times 35 \times 2$	2 条	（按 30 组计算）
圆柱销	$\phi 5$	5 个	（按 30 组计算）
圆柱销	$\phi 4$	2 个	（按 30 组计算）
沉头螺钉	$M4 \times 10$	300 个	（按 30 组计算）
圆钢	$\phi 14$	3 米	（按 30 组计算）
钻头	$\phi 4.5$	20 支	（按 30 组计算）
钻头	$\phi 5$	10 支	（按 30 组计算）
钻头	$\phi 9$	10 支	（按 30 组计算）

2. 下料（见图 1-7-3、图 1-7-4）

下料是指确定制作某个设备或产品所需的材料形状、数量或质量后，从整个或整批材料中取下一定形状、数量或质量的材料的操作过程。

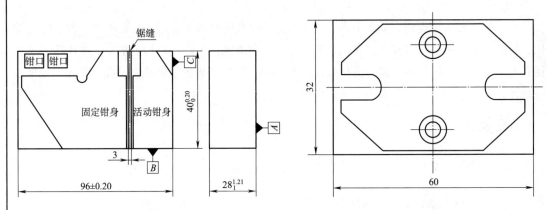

图 1-7-3 钳身下料图   图 1-7-4 底座下料图

名 称	数 量	材 料	毛 坯	备 注
钳身	1	45#	$100 \times 44 \times 30$	活动钳身与固定钳身
底座	1	Q235	$60 \times 32 \times 8$	

3. 注意事项

（1）合理安排毛坯的加工余量，减少废品产生。

（2）有硬皮或粘砂的锻件和铸件毛坯表面，须在砂轮机上将其磨掉后，才可利用锉刀锉削。

（3）划线前的准备：将毛坯上的氧化铁皮、飞边毛刺、泥沙等清理干净。

4. 工艺概念

请描述工艺的概念。

5. 工序的概念

请描述工序的概念。

6. 工位的概念

请描述工位的概念。

7. 工艺卡片

填写工艺卡片。

单位名称		加工工艺卡	产品名称	平口钳	图号		
			零件名称		数量	1	第　页
材料成分	Q235		毛坯尺寸：				共 1 页
名称		工序内容	车间	设备	工具		工艺简图
					量具刃具辅具		

8. 工、量具清单

填写工具、量具使用清单。

序号	名　称	规　格	备　注

领用人：

日　期：

纠错

（1）工艺制订纠错。

（2）过程纠错及5S点评。

评价

1. 自我评价

□对于加工工艺有所理解　　　　　□对于加工工艺的编制存在困难

□能够按照要求完成工艺编制　　　□在工艺编制过程中，遇到了很多问题，但是都能够解决完成。

□没有按照要求完成加工工艺编制，具体原因是：_____

□工作页已完成并提交　　　　　　□工作页未完成　　原因：_____

□作品已完成提交　　　　　　　　□作品未完成提交

2. 教师评价

（1）工作页

□已完成并提交

□未完成　　未完成原因：_____

（2）5S评价

□工具摆放整齐　　　　□工位清理干净　　　　□安全生产

（3）作品完成情况

□未完成　　　□合格　　　□良好　　　□优秀

评语：　　　　　　　　　　　　　　　　　　　日期：

学习我们是认真的！！

工作页	项目7 平口钳制作 任务2 锉削加工	姓名：	学号：
	学习领域：钳工技术	班级：	日期：

 教学目标

（1）能合理选用锉刀对工件进行锉削加工，并达到规定的精度要求。

（2）能利用相应量具对工件的尺寸精度和几何精度进行正确的测量。

（3）能对工、量具进行正确的维护和保养。

（4）掌握锉刀的分类及其选用方法。

（5）能做好现场5S管理。

导入

1. 锉削（见图1-7-5）

用锉刀从工件表面锉掉多余的金属，使工件达到图纸上所需的尺寸、几何精度和表面粗糙度，这种操作称为锉削。锉削可以加工平面、曲面、内外圆弧面及复杂表面，锉削加工的精度可达到0.01mm。锉削可以加工工件的内外表面、沟槽和各种复杂形状的表面。在现代工业生产条件下，仍有一些加工需要手工锉削来完成，如装配过程中对个别零件的修整及小量生产条件下某些复杂形状零件的加工等。另外，在钳工的职业技能鉴定和竞赛中，锉削技能是主要的考核项目。因此，锉削是钳工的一项重要的基本操作。

图1-7-5 锉削

2. 注意事项

（1）选择工件上最大的平面作为基准面先锉平，达到规定的平面度要求后，作为其他面钳工技术锉削时的划线基准和测量基准。

（2）先锉大平面后锉小平面。以大面控制小面，使测量准确，精度修整方便。

（3）先锉平行面后锉垂直面，即在达到规定平面度和平行度后，再锉与之相关的垂直面，以便于控制尺寸和精度要求。平面与曲面连接时，应先锉平面后锉曲面，以便于圆滑连接。

任务

（1）完成钳身长方体锉削加工，如图 1-7-6 所示。

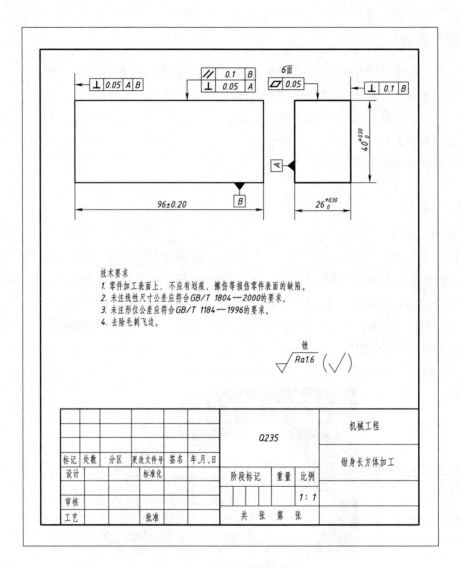

技术要求
1. 零件加工表面上，不应有划痕、擦伤等损伤零件表面的缺陷。
2. 未注线性尺寸公差应符合 GB/T 1804—2000 的要求。
3. 未注形位公差应符合 GB/T 1184—1996 的要求。
4. 去除毛刺飞边。

图 1-7-6　钳身长方体零件图

（2）完成底座长方体锉削加工，如图 1-7-7 所示。

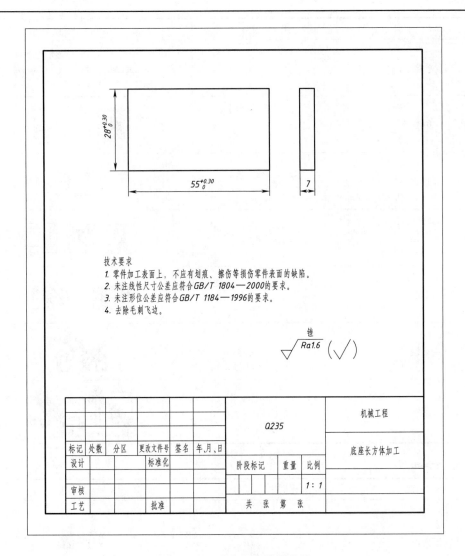

技术要求
1. 零件加工表面上，不应有划痕、擦伤等损伤零件表面的缺陷。
2. 未注线性尺寸公差应符合GB/T 1804—2000的要求。
3. 未注形位公差应符合GB/T 1184—1996的要求。
4. 去除毛刺飞边。

标记	处数	分区	更改文件号	签名	年,月,日				机械工程
设计			标准化			Q235			底座长方体加工
审核						阶段标记	重量	比例	
工艺			批准					1：1	
						共 张 第 张			

图 1-7-7 底座长方体零件图

行动

1. 锉刀的选用

锉刀选用是否合理，对工件加工质量、工作效率和锉刀寿命都有很大的影响。应根据工件的表面形状、尺寸精度、材料性质、加工余量以及表面粗糙度等要求来考虑。锉刀断面形状及尺寸应与工件被加工表面形状和大小相适应 。粗齿锉用于锉削铜、铝等软金属及加工余量大、精度低和表面粗糙的工件；细齿锉用于锉削钢、铸铁以及加工余量小、精度要求高和表面粗糙度值较低的工件；油光锉则专用于最后修光工件表面。

类　别	用　途	示　例
平锉		
方锉		
半圆锉		
三角锉		
圆锉		
菱形锉		
刀形锉		

2. 锉削方法

类　别	锉削方法（应用）	示　例
顺向锉		
交叉锉		
推锉		

温馨提示：一般在 40 次/min，推出时稍慢，回程时稍快，动作要协调自然。

3. 平面度检测

形　式	产生的原因	示　例
平面中凸		
对角扭曲或塌角		
平面横向中凸或中凹		

　　温馨提示：刀口直尺在被检查平面上改变位置时，不能在平面上拖动，应提起后再轻放到另一检查位置，否则直尺的棱边容易磨损而降低其精度。

4. 垂直度检测

检测方法	判断对错	注意事项
		尺座的测量面贴紧基准面，然后从上逐步轻轻向下移动，使尺瞄与被测表面接触，眼睛平视观察其透光情况，以判断是否垂直。角尺不可斜放，否则会得到不准确的测量结果。改变测量位置时，角尺不可以在工件表面拖动

5. 划线

　　划线是机械加工中的首道工序，能起着加工准备的作用。在进入粗、精加工时，需要凭借划出的基准线和加工界线，作为校正和加工的依据。划线主要涉及下料、锉削、钻削及车削等加工。

划线工具	应　用
钢直尺	
方箱	
划线平台	
划针	
样冲	
划归	
90°角尺	
高度尺	
划线水	

6. 尺寸检测与角度检测

名　　称	应　　用
卡尺	
千分尺	
百分表	
杠杆百分表	
量块	
塞尺	
万能角度尺	

7. 安全须知

（1）不得用锉刀敲打或撬其他东西；不得用细锉刀锉软金属，否则会黏塞锉齿。有氧化皮、硬皮和砂粒的铸件与锻件，应先用砂轮或旧锉刀打磨，再用新锉刀锉削。

（2）新锉刀应先用一面，待该面用钝后再用另一面，这样可以延长使用期限。不得用新锉刀锉硬金属。

（3）锉刀不可沾水、沾油，以防锈蚀和锉削时打滑。锉削时，不要用手摸工件加工面，否则锉刀易打滑。

（4）清除锉齿中的锉屑时，应用钢丝刷顺着齿纹刷拭，不得敲拍锉刀去屑或用嘴吹去锉屑。

（5）锉刀不可重叠堆放在一起，也不得与量具混放在一起。

纠错

（1）工量夹具使用纠错。

（2）过程纠错及 5S 点评。

评价

1. 自我评价

□对于锉削加工掌握了一定的方法　　　□对于锉削加工还需进一步练习

□对于检测工具使用正确，方法熟练　　□对于检测工具和检测方法还需进一步熟练

□工作页已完成并提交　　　　　　　　□工作页未完成　原因：＿＿＿＿＿＿＿

□作品已完成提交　　　　　　　　　　□作品未完成提交　原因：＿＿＿＿＿＿

2. 考核标准评分表

考核项目	考核内容	考核要求/mm	配分	评分标准	扣分	得分
钳身长方体加工	96	96 ± 0.2	10	超差不得分		
	28	$28^{+0.2}_{0}$	10	超差不得分		
	40	$40^{+0.20}_{0}$	10	超差不得分		
	90°（3处）	$\perp 0.05$	6	超差不得分		
	平行度（3处）	0.1	6	超差不得分		
	平面度（6处）	0.05	6	超差不得分		
	锉削粗糙度（6处）	$Ra1.6\ \mu m$	6	超差一处扣2分		
底座长方体加工	55	$55^{+0.2}_{0}$	6	超差不得分		
	28	$28^{+0.2}_{0}$	6	超差不得分		
	锉削粗糙度（6处）	$Ra1.6\ \mu m$	6	超差一处扣2分		
	外观		8	有毛刺、损伤、畸形等扣1~8分		
安全文明生产	①能正确执行国家颁布的安全生产法规或行业的规定。安全技术操作规程。②能执行5S管理规定	①能达到钳工安全技术操作规程。②周围场地整洁，工、量具零件摆放合理	10	①按违反有关规定的程度扣1~5分。②按不整洁和不合理的程度扣1~5分		
工时定额	满课时（20 h）		10			

3. 教师评价

（1）工作页

□已完成并提交

□未完成　　未完成原因：＿＿＿＿＿＿＿＿＿＿

（2）5S评价

□工具摆放整齐　　　　□工位清理干净　　　　□安全生产

（3）作品完成情况

□未完成　　　□合格　　　□良好　　　□优秀

评语：　　　　　　　　　　　　　　　　　　　　　日期：

工作页	项目7 平口钳制作	姓名：		学号：
	任务3 孔加工			
	学习领域：钳工技术	学号：		日期：

 教学目标

（1）掌握常用钻床的种类及用途。

（2）掌握麻花钻的结构特点，工作部分的构成与作用。

（3）掌握扩孔钻的结构与扩孔的作用及特点。

（4）掌握锪孔钻的结构与锪孔的作用及特点。

（5）掌握铰刀的种类、用途与铰孔的作用及特点。

导入

1. 钻孔

钳工加工孔的方法主要有两类：一类是用麻花钻等在实体材料上加工出孔；另一类是用扩孔钻、锪孔钻或铰刀等对工件上已有的孔进行再加工。钻头如图1-7-8所示。

图1-7-8 钻头

2. 注意事项

（1）钻孔前一般先划线，确定孔的中心，在孔中心先用样冲打出较大的中心眼。

（2）钻孔时应先钻一个浅坑，确定是否对中。

（3）在钻削过程中，特别是钻削深孔时，要经常推出钻头以排出切削并进行冷却。防止切削堵塞或钻头过热磨损甚至折断，影响加工。

（4）钻通孔时，当孔将被钻透时，进刀量应减小，避免钻头在钻穿时的瞬间抖动，出现"啃刀"现象，影响加工质量，甚至出现事故。

（5）钻大孔时，应先钻透一小孔，再扩至要求的尺寸。

（6）钻削时的润滑：钻钢件时，常用机油或乳化液；钻铝件时，常用乳化液或煤油；钻铸铁时，常用煤油。

任务

完成钳身孔加工，如图1-7-9所示。

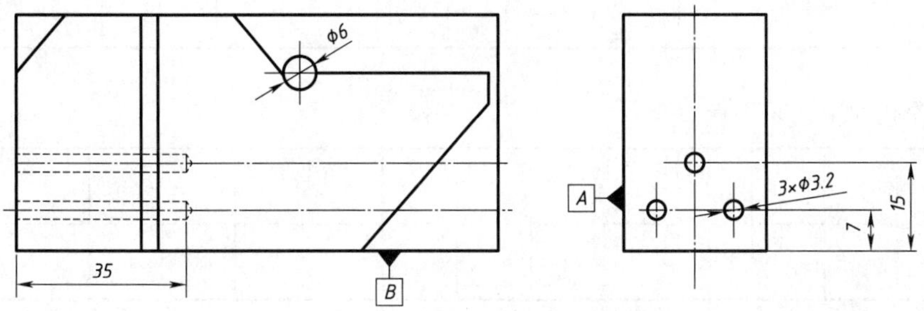

图 1-7-9 钳身孔加工示意图

行动

（1）标准麻花钻的构成。

（2）标准麻花钻的切削部分构成。

（3）深孔加工含义。

（4）深孔加工分类及应用（L＝孔深　D＝钻头直径　数字＝倍数）。

$L/D > 5$							
$L/D > 20 \sim 30$							

续表

$L/D > 30 \sim 100$															

（5）深孔加工工艺特点。

（6）如图1-7-10所示，填写扩孔钻的各部分名称。

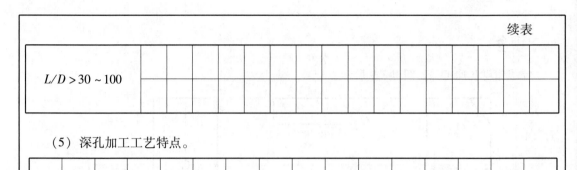

图1-7-10　扩孔钻头

温馨提示：①扩孔钻多用于成批大量生产，小批量生产常用麻花钻代替扩孔钻，此时应适当减小钻头前角，防止在扩孔时扎刀。②用麻花钻扩孔，扩孔前按钻孔直径的50%～70%要求孔径；用扩孔钻扩孔，扩孔前钻孔直径为0.9倍的要求孔径。麻花钻的刃磨质量要高，两主切削刃必须等长、对称，以防止扩孔时产生振动。③钻孔后，在不改变钻头与机床主轴相互位置的情况下，应立即更换扩孔钻或麻花钻进行扩孔，使扩孔钻或麻花钻的中心与钻孔中心重合，保证加工质量。

（7）锪孔加工，如图1-7-11所示，填写各图所示锪孔类型。

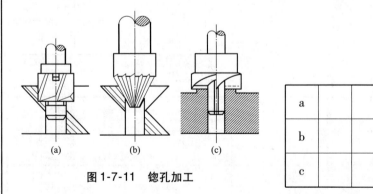

图1-7-11　锪孔加工

a						
b						
c						

温馨提示：锪孔时刀具容易产生振动，使所锪的端面或锥面出现振痕，特别是使用麻花钻改制的锪钻，振痕更为严重。为此锪孔时应注意以下几点：

①锪孔时的进给量为钻孔的 2～3 倍，精锪时可利用停车后的主轴惯性来锪孔，以减少振动而获得光滑表面。

②使用麻花钻改制锪钻时，尽量选用较短的钻头，并适当减小后角和外缘处前角，以防止扎刀和减少振动。

③要根据机床、刀具及工件装夹方法等实际情况，合理确定锪孔步骤，保证底孔与埋头孔的同轴度要求。

④当锪孔表面出现多角形振纹等情况时，应立即停止加工，找出钻头刃磨等问题并及时修整。

（8）铰孔余量选择。

铰孔直径	<5	5～20	21～32	33～50	51～70
铰余量削					

温馨提示：新的标准圆柱铰刀直径上留有研磨余量，而且棱边的表面粗糙度高。当铰削精度要求高的孔时，应将铰刀直径研磨到所需的尺寸精度后铰孔。

（9）螺纹加工（韧性材料 $D_底 = D - P$ 与脆性材料 $D_底 = D - (1.05～1.1) P$）。

例：M8×1.25 粗牙螺纹。

（10）攻盲孔时底孔深度计算（$H_深 = h_{有效} + 0.7D$）。

例：M4 有效螺纹 5，计算底孔深度。

（11）配作含义。

（12）配钻加工方法。

（13）如图 1-7-12 所示，在方格中填写常用钻孔夹具名称。

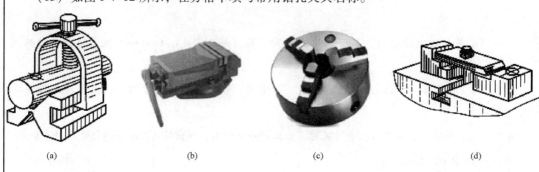

| | | | |
| (a) | (b) | (c) | (d) |

图 1-7-12　常用钻孔夹具

（14）钻孔时常见问题分析。

出现的问题	产生的原因
孔径大于规定尺寸	①钻头两切削刃长度不等，高低不一致； ②钻床主轴径向偏摆或工作台未锁紧有松动； ③钻头本身弯曲或装夹不好，使钻头有过大的径向圆跳动现象
孔壁表面粗糙	①钻头两切削刃不锋利； ②进给量太大； ③切屑堵塞在螺旋槽内，擦伤孔壁； ④切削液供应量不足或选用不当
孔位超差	①工件划线不正确； ②钻头横刃太长定心不准； ③起钻过偏而没有校正
孔的轴线歪斜	①钻孔平面与钻床主轴不垂直； ②工件装夹不牢，钻孔时产生歪斜； ③工件表面有气孔、砂眼； ④进给量过大，使钻头产生变形
孔不圆	①钻头两切削刃不对称； ②钻头后角过大
钻头寿命低或折断	①钻头磨损还继续使用； ②切削用量选择过大； ③钻孔时没有及时退屑，使切屑阻塞在钻头螺旋槽内； ④工件未夹紧，钻孔时产生松动； ⑤孔将钻通时没有减小进给量； ⑥切削液供给不足

纠错

（1）钻床操作纠错。

（2）孔加工工艺制订纠错。　　　　　**学习我们是认真的！！**

（3）过程纠错及 5S 点评。

评价

1. 自我评价

□对于零件孔加工掌握了一定的方法　　　　□不确定孔的加工顺序

□对于攻螺纹的工具使用正确，方法熟练　　□螺纹加工存在困难

□工作页已完成并提交　　　　　　　　　　□工作页未完成　　原因：_____

□作品已完成提交　　　　　　　　　　　　□作品未完成提交　　原因：_____

2. 教师评价

（1）工作页

□已完成并提交

□未完成　　未完成原因：_____

（2）5S 评价

□工具摆放整齐　　　　□工位清理干净　　　　□安全生产

（3）作品完成情况

□未完成　　　　□合格　　　　□良好　　　　□优秀

评语：　　　　　　　　　　　　　　　　　　　　**日期：**

工作页	项目7　平口钳制作	姓名：	学号：
	任务4　锯割		
	学习领域：钳工技术	班级：	日期：

教学目标

（1）锯割的应用场合。

（2）锯条的分类及选用方法。

（3）锯割的操作方法。

（4）锯条折断和锯缝歪斜的原因分析。

（5）能做好现场 5S 管理。

导入

1. 锯割（见图 1-7-13）

用手锯对材料或工件进行分割或锯出沟槽的操作称为锯割，又称锯削。锯割是一种粗加工，平面度可控制在 0.2 mm 左右。大型原材料和工件的分割通常利用锯床进行，钳工的锯割只是利用手锯对较小的材料和工件进行分割或切槽。工作范围主要包括：分割各种材料或半成品；锯掉工件上的多余部分；在工件上锯出沟槽等。

2. 注意事项

（1）锯条要装得松紧适当，锯割时不要突然用力过猛，以防止工作中锯条折断从锯弓上崩出伤人。

（2）工件将锯断时压力要小，避免压力过大使工件突然断开，手向前冲造成事故。一般工件将锯断时，要用左手扶住工件断开部分，避免掉下砸伤脚。

任务

完成锯割工作，如图 1-7-14 所示。

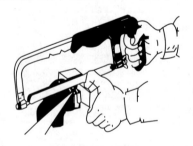

图 1-7-13　锯割

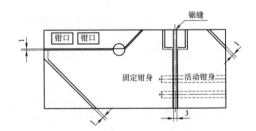

图 1-7-14　钳身锯割示意图

行动

（1）锯条的正确选用

（2）锯割的运动形式

（3）锯条的安装

（4）锯割问题分析

原　　因	原因分析
锯条折断	锯条安装的过松或过紧；工件未夹紧，锯割时工件有松动；锯割压力过大或锯割用力突然偏离锯缝方向；强行纠正歪斜的锯缝，或更换新锯条后仍在原锯缝过猛地锯下；锯割时锯条中间局部磨损，当拉长锯割时被卡住引起折断
锯齿崩裂	锯条选择不当，如锯薄板、管子时用粗齿锯条起锯时起锯角太大；锯割运动突然摆动过大以及锯齿有过猛的撞击
锯缝产生歪斜	锯条安装太松或与锯弓平面扭曲；使用锯齿两面磨损不均匀的锯条；锯割压力过大使锯条左右偏摆

✍ 纠错

（1）锯割操作纠错。

（2）过程纠错及5S点评。　　　　　　学习我们是认真的！！

📷 评价

1. 自我评价

□对于锯割加工掌握了一定的方法　　　　　□对于锯割加工还需进一步练习

□工作页已完成并提交　　　　　　　　　　□工作页未完成　原因：_____

□任务已完成提交　　　　　　　　　　　　□任务未完成　　原因：_____

2. 教师评价

（1）工作页

□已完成并提交

□未完成　未完成原因：_____

（2）5S评价

□工具摆放整齐　　　　　□工位清理干净　　　　　□安全生产

（3）作品完成情况

□未完成　　　　　□合格　　　　　□良好　　　　　□优秀

评语：　　　　　　　　　　　　　　　　　　　　日期：

工作页	项目7　平口钳制作 任务5　综合加工	姓名：	学号：
	学习领域：钳工技术	班级：	日期：

教学目标

（1）划线基准的选择。

（2）锯条的分类及选用方法。

（3）锉削表面形状位置精度检测。

（4）掌握孔的加工方法。

（5）能做好现场5S管理。

导入

从加工工艺讲，划线，锉削，钻孔，锯割，攻螺纹都属于钳工工艺。

划线是作业基准，必须先进行；划线后可以确定锉削、钻孔、锯割的位置；划线后可以先进行锯割，完成材料去除，这样可完成基本的零件外形；然后进行锉削，对各个表面进行修整；最后进行钻孔、攻螺纹，先钻孔，再攻螺纹。

任务

（1）完成固定钳身钳加工，如图1-7-15所示。

（2）完成活动钳身钳加工，如图1-7-17所示。

（3）完成钳口钳加工，如图1-7-19所示。

（4）完成底座钳加工，如图1-7-20所示。

（5）完成挡板钳加工，如图1-7-21所示。

行动

1. 固定钳身钳加工

（1）固定钳身零件图，如图1-7-15所示。

（2）制订固定钳身加工工艺卡，填写各工序所用的设备、工具、量具及对应工序内容的工艺简图的序号，如图1-7-16所示。

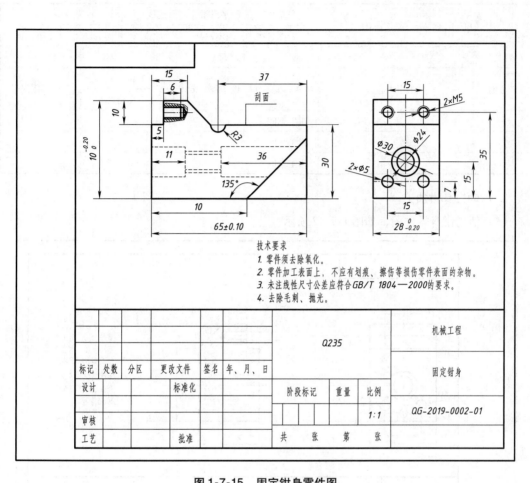

技术要求
1. 零件须去除氧化。
2. 零件加工表面上，不应有划痕、擦伤等损伤零件表面的杂物。
3. 未注线性尺寸公差应符合GB/T 1804—2000的要求。
4. 去除毛刺、抛光。

									机械工程
							Q235		
标记	处数	分区	更改文件	签名	年、月、日				固定钳身
设计			标准化			阶段标记	重量	比例	
审核								1:1	QG-2019-0002-01
工艺			批准			共 张	第 张		

图 1-7-15 固定钳身零件图

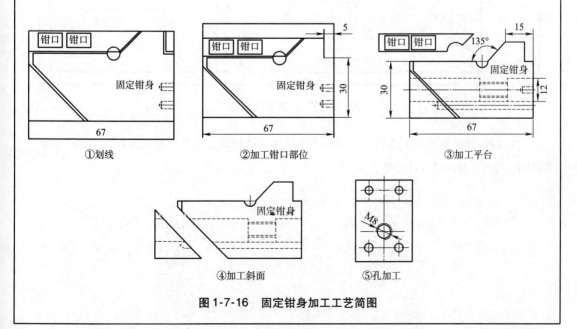

① 划线   ② 加工钳口部位   ③ 加工平台

④ 加工斜面   ⑤ 孔加工

图 1-7-16 固定钳身加工工艺简图

（单位名称）		加工 工艺卡	产品名称	平口钳	图号		01
			零件名称	固定钳身	数量	1	第 页
材料成分	Q235		毛坯尺寸：				共1页
名 称	工序内容		车 间	设 备	工具		工艺简图序号
					量具刃具辅具		
			钳工车间				
			钳工车间				
			钳工车间				

2. 活动钳身钳加工

（1）活动钳身零件图，如图1-7-17所示。

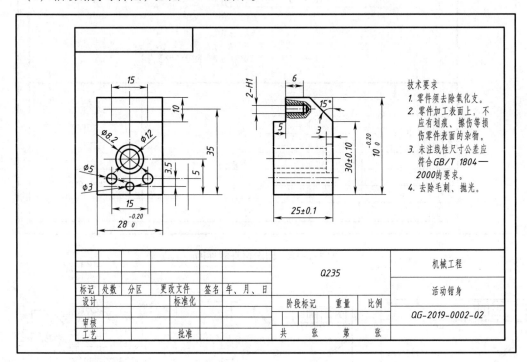

图 1-7-17　活动钳身零件图

（2）制订活动钳身加工工艺卡，填写各工序所用的设备、工具、量具及对应工序内容的工艺简图的序号，如图1-7-18所示。

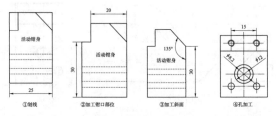

图 1-7-18　活动钳身加工工艺简图

（单位名称）	加工工艺卡	产品名称	平口钳	图号		02	
		零件名称	活动钳身	数量	1	第 页	
材料成分	Q235	毛坯尺寸：				共1页	
名 称	工序内容	车 间	设 备	工具 量具刃具辅具		工艺简图序号	
		钳工车间					
		钳工车间					
		钳工车间					

3. 钳口钳加工

（1）钳口零件图，如图1-7-19所示。

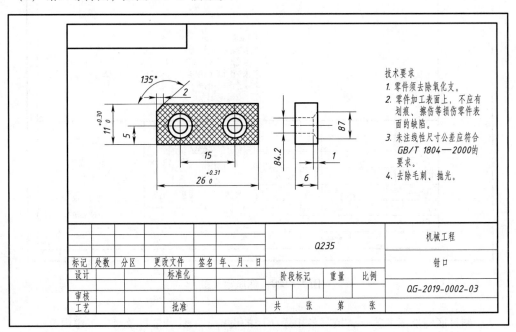

技术要求
1. 零件须去除氧化支。
2. 零件加工表面上，不应有划痕、擦伤等损伤零件表面的缺陷。
3. 未注线性尺寸公差应符合GB/T 1804—2000的要求。
4. 去除毛刺、抛光。

Q235 机械工程 钳口 QG-2019-0002-03

图1-7-19 钳口零件图

（2）制订钳口加工工艺卡，填写各工序所用的设备、工具、量具。

（单位名称）	加工工艺卡	产品名称	平口钳	图号		03	
		零件名称	钳口	数量	2	第 页	
材料成分	Q235	毛坯尺寸：				共1页	
名 称	工序内容	车 间	设 备	工具 量具刃具辅具		备 注	
		钳工车间					
		钳工车间					
		钳工车间					

4. 底座钳加工

（1）底座零件图，如图1-7-20所示。

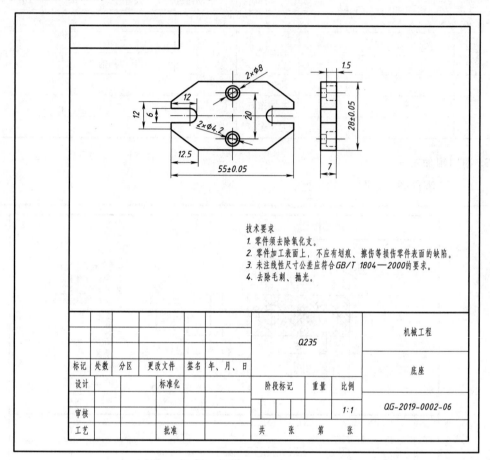

技术要求
1. 零件须去除氧化支。
2. 零件加工表面上，不应有划痕、擦伤等损伤零件表面的缺陷。
3. 未注线性尺寸公差应符合GB/T 1804—2000的要求。
4. 去除毛刺、抛光。

							Q235		机械工程
标记	处数	分区	更改文件	签名	年、月、日				底座
设计			标准化			阶段标记	重量	比例	
审核								1:1	QG-2019-0002-06
工艺			批准			共　张	第　张		

图 1-7-20　底座零件图

（2）制订底座加工工艺卡，填写各工序所用的设备、工具、量具及对应工序内容。

（单位名称）		加工工艺卡	产品名称	平口钳	图号		06	
			零件名称	底座	数量	1	第　页	
材料成分	Q235		毛坯尺寸：				共1页	
名　称	工序内容		车　间	设　备	工具 量具刃具辅具		备　注	
			钳工车间					
			钳工车间					
			钳工车间					
			钳工车间					

5. 挡板钳加工

（1）挡板零件图，如图 1-7-21 所示。

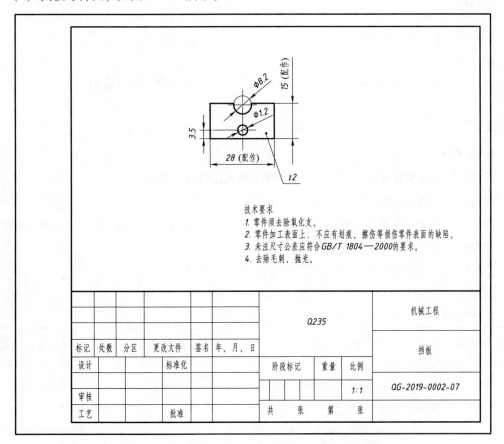

技术要求
1. 零件须去除氧化支。
2. 零件加工表面上，不应有划痕、擦伤等损伤零件表面的缺陷。
3. 未注尺寸公差应符合 GB/T 1804—2000 的要求。
4. 去除毛刺、抛光。

标记	处数	分区	更改文件	签名	年、月、日		Q235			机械工程
设计			标准化			阶段标记	重量	比例		挡板
审核								1:1		QG-2019-0002-07
工艺			批准			共 张		第 张		

图 1-7-21 挡板零件图

（2）制订挡板加工工艺卡，填写各工序所用的设备、工具、量具及对应工序内容。

（单位名称）		加工工艺卡	产品名称	平口钳	图号		07	
			零件名称	挡板	数量	1	第 页	
材料成分	Q235		毛坯尺寸：				共 1 页	
名 称	工序内容		车 间	设 备	工具		备 注	
					量具刃具辅具			
			钳工车间					
			钳工车间					
			钳工车间					
			钳工车间					

纠错

（1）工、量、夹具使用纠错。

（2）工艺制订纠错。

（3）过程纠错及5S点评。

学习我们是认真的！！

评价

1. 自我评价

☐对于钳工技术有所强化　　☐对于钳工技术还需进一步练习

☐对于工艺制订有所理解　　☐对于工艺制订还需熟练

☐能够按照要求完成零件加工　☐在钳加工过程中，遇到了很多问题，但是都能够解决完成

☐没有按照要求完成零件加工，具体原因是：_____

☐工作页已完成并提交　　☐工作页未完成　原因：_____

☐作品已完成提交　　☐作品未完成提交

2. 考核标准评分表

序号	零件名称	项目	考核能容及内容/mm	评分标准	检测结果	配分	得分
1	固定钳身	锉削	65 ± 0.10	超差不得分		3	
2			$28^{+0.20}_{0}$	超差不得分		3	
3			$40^{+0.20}_{0}$	超差不得分		3	
4			$135° \pm 4'$	超差不得分		3	
5		攻丝	$4 \times M4$	螺纹歪斜乱扣等缺陷酌情扣分		3	
6			M8			4	
7		锪孔	$\phi12$ 深 14 mm	不符合要求不得分		3	
8		外观	表面质量与刀纹	不符合要求不得分		3	
9	活动钳身	锉削	$28^{+0.20}_{0}$	超差不得分		3	
10			25 ± 0.10	超差不得分		3	
11			$40^{+0.20}_{0}$	超差不得分		3	
12			$45 \pm 4'$	超差不得分		3	
13			30 ± 0.10	超差不得分		3	
14		攻螺纹	$3 \times M4$	螺纹歪斜乱扣等缺陷酌情扣分		3	
15		锪孔	$\phi12$ 深 3 mm	不符合要求不得分		3	
16		铰孔	$\phi4H7$	不符合要求不得分		5	
17		外观	表面质量与刀纹	不符合要求不得分		3	

序号	零件名称	项目	考核能容及内容/mm	评分标准	检测结果	配分	得分
18	底座	锉削	55 ± 0.05	超差不得分		3	
19		锪孔	28 ± 0.05	超差不得分		3	
20			腰型槽 12×6	不符合要求不得分		3	
21			$\phi 8.5$ 深 4.5 mm	不符合要求不得分		3	
22	钳口	锉削	$28^{+0.20}_{0}$（两处）	超差不得分		3	
23		锪孔	$11^{+0.20}_{0}$（两处）	超差不得分		3	
24		锯割	$\phi 7.5$	不符合要求不得分		3	
25			钳口网纹	视缺陷酌情扣分		3	

3. 教师评价

（1）工作页

□已完成并提交

□未完成　未完成原因：＿＿＿＿＿＿＿＿＿＿＿＿

（2）5S 评价

□工具摆放整齐　　　　　□工位清理干净　　　　　□安全生产

（3）作品完成情况

□未完成　　　　　　□合格　　　　　　□良好　　　　　□优秀

评语：　　　　　　　　　　　　　　　　　　　　日期：

学习我们是认真的！！

工作页	项目7　平口钳制作 任务6　抛光与刮削	姓名：	学号：
	学习领域：钳工技术	班级：	日期：

教学目标

（1）能正确采用抛光工艺完成台虎钳主要制件的抛光工作。

（2）掌握刮削的特点与应用。

（3）了解刮刀材料与种类、结构，平面刮刀的尺寸与几何形状。

（4）能够进行平面刮刀的刃磨。

导入

1. 抛光（见图1-7-22）

抛光是指利用机械、化学或电化学的作用，使工件表面粗糙度降低，以获得光亮、平整表面的加工方法。它是利用抛光工具和磨料颗粒或其他抛光介质对工件表面进行的修饰加工。抛光不能提高工件的尺寸精度或几何形状精度，而是以得到光滑表面或镜面光泽为目的，有时也用以消除光泽（消光）。通常以抛光轮作为抛光工具。抛光轮一般用多层帆布、毛毡或皮革叠制而成，两侧用金属圆板夹紧，其轮缘涂敷由微粉磨料和油脂等均匀混合而成的抛光剂。

2. 刮削（见图1-7-23）

用刮刀刮除工作表面薄层的加工方法称为刮削。刮削加工属于精加工。通过刮削加工后的工件表面，由于多次反复地受到刮刀的推挤和压光作用，因此使工件表面组织变得比原来紧密，并得到较低的表面粗糙度。精密工件的表面，常要求达到较高的几何精度和尺寸精度。在一般机械加工中，如车、刨、铣加工后的表面、工具应达到上述精度要求。因此，如机床导轨和滑行面之间、转动的轴和轴承之间的接触面、工具量具的接触面以及密封表面等，常用刮削方法进行加工。同时，由于刮削后的工件表面，形成比较均匀的微浅凹坑，给存油创造了良好的条件。

图1-7-22　抛光

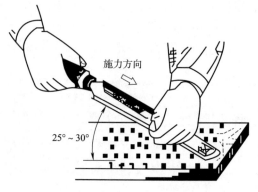

图1-7-23　刮削

任务

完成固定前身平台刮削，加工要求刮削表面为 25 mm 的正方形使面积内出现 12～15 个研点，如图 1-7-24 所示。

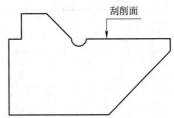

刮削面

图 1-7-24 固定钳身刮削位置示意图

行动

（1）抛光形式

（2）抛光余量

（3）手工抛光方工具

（4）手工抛光方法

（5）刮削原理

（6）刮刀的种类

（7）刮削校准工具

（8）平面刮削方法

（9）平面刮削步骤

（10）刮削检测方法

纠错

（1）刮削操作纠错。

（2）过程纠错及 5S 点评。

学习我们是认真的！

评价

1. 自我评价

□对于平面刮削初步的认识　　□对于平面刮削还进一步练习

□对于刮削工序有所理解　　　□对于刮削工序理解不透

□能够按照要求完成平面　　　□在刮削过程中，遇到了很多问题，但是都能够解决完成。

□没有按照要求完成平面刮削，具体原因是：＿＿＿＿＿＿＿＿＿＿＿＿＿＿＿＿＿＿

□工作页已完成并提交　　　□工作页未完成　原因：＿＿＿＿＿＿＿＿＿＿＿＿＿＿＿

□作品已完成提交　　　　　□作品未完成提交

2. 固定钳身刮削考核标准评分表

序号	零件名称	项目	考核能容及内容	评分标准	检测结果	配分	得分
1	固定钳身	刮削	25×25 显点 12~15	不符合要求不得分		5	

3. 教师评价

（1）工作页

□已完成并提交

□未完成　未完成原因：＿＿＿＿＿＿＿＿＿＿＿＿＿＿＿

（2）5S 评价

□工具摆放整齐　　　　　□工位清理干净　　　　　□安全生产

（3）作品完成情况

□未完成　　　　　□合格　　　　　□良好　　　　　□优秀

评语：　　　　　　　　　　　　　　　　　　　　　日期：

工作页	项目7 平口钳制作 任务7 装配	姓名：	学号：
	学习领域：钳工技术	班级：	日期：

 教学目标

（1）掌握装配的基础知识。

（2）掌握装配前的准备工作。

（3）掌握尺寸链和装配方法。

（4）掌握锪孔钻的结构与锪孔的作用及特点。

导入

1. 装配

机械产品一般由许多零件和部件组成，按规定的技术要求，将若干零件组合成部件或将若干个零件和部件组合成机器的过程称为装配。装配是机械制造过程的最后阶段，在机械产品制造过程中占有非常重要的地位，装配工作的好坏对产品的质量起着决定性的作用。平口钳如图1-7-25所示。

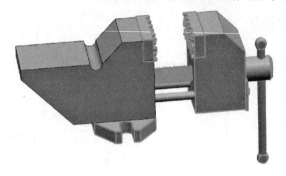

图1-7-25 平口钳

2. 注意事项

（1）要明确装配的目标，通常是要吃透设计意图，对装配过程心中有数；最好能制定装配工艺说明书，分解装配步骤，列出物料表。

（2）检查所有零件是否齐全，并检验有无缺陷和不合格，以免装配过程中零件不合格，使进程受阻，甚至拆卸还会对其他零件造成损害，浪费人力物力。

（3）检查工具是否齐全，配件及辅助物料是否完备。

（4）开始装配后按装配工艺进行。

（5）装配到一定程度后要进行检测，看有无故障，以免最后才发现问题，影响判断。

 任务

完成平口钳装配。

行动

（1）如图 1-7-26 所示，在方格内填写拆装工具名称。

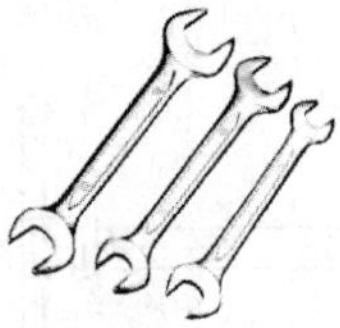

(a)

(b)

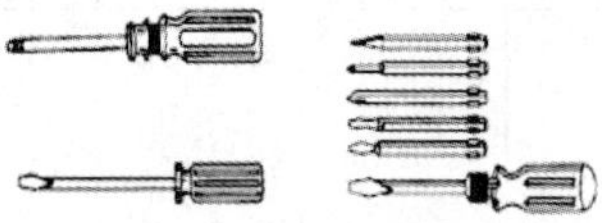

(c)

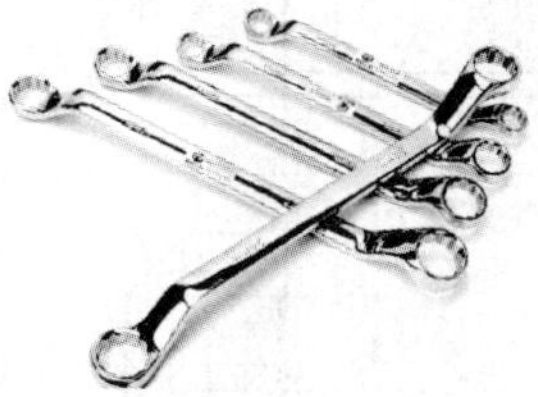

(d)

(e)

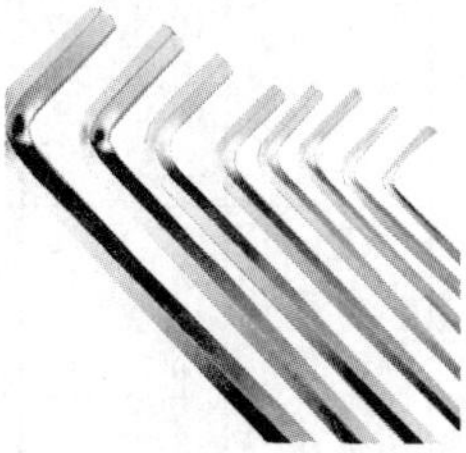

(f)

(g)

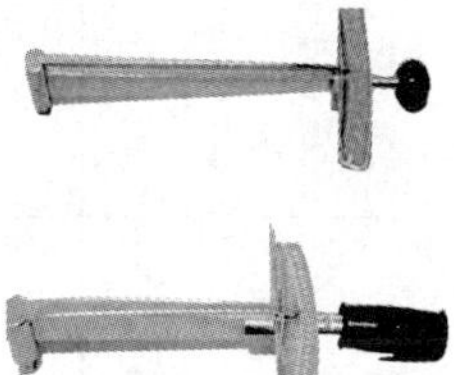

(h)

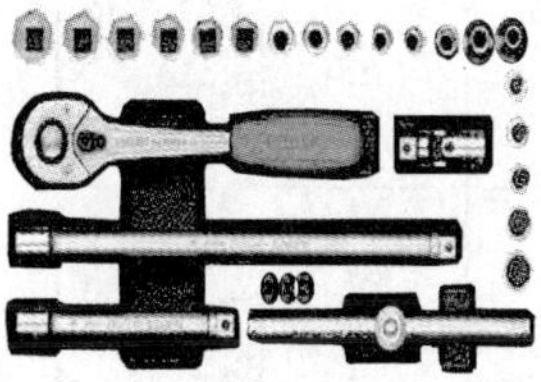

(i)

图 1-7-26 拆装工具

（2）装配方法。

（3）完成组装作业指导书。

（单位名称）	装配 工艺卡	产品名称	桌虎钳	图号	00
				数量（套）	1
工序步骤	工序内容	车间	工具	操作说明	工艺简图
1		钳工工位			
2		钳工工位			
3		钳工工位			
4		钳工工位			
5		钳工工位			
6		钳工工位			
7		钳工工位			

 纠错

（1）工、量、夹具使用纠错。

（2）装配工艺纠错。

学习我们是认真的！！

（3）过程纠错及5S点评。

评价

1. 自我评价

☐对于零部件装配有了初步的认识　☐对于零部件的装配还是很陌生，摸不着头绪

☐对于装配工艺有所理解　☐对于装配工艺的编制存在困难

☐能够按照装配要求完成零部件装配　☐在零部件装配过程中，遇到了很多问题，但是都能够解决完成。

☐没有按照要求完成零部件装配，具体原因是：_____

☐工作页已完成并提交　☐工作页未完成　原因：_____

☐作品已完成提交　☐作品未完成提交

2. 平口钳装配考核标准评分表

序号	零件名称	项目	考核能容及内容	评分标准	检测结果	配分	得分
1	装配	配合	手柄自然下落	不符合要求不得分		3	
2			丝杠转动灵活	不符合要求不得分		3	
3			钳口夹紧时接触情况	不符合要求不得分		3	
4			整体结构整齐、无歪斜	不符合要求不得分		3	

3. 考核标准总表

序号	零件名称	项目	考核能容及内容/mm	评分标准	检测结果	配分	得分
1	固定钳身	锉削	65 ± 0.10	超差不得分		3	
2			$28^{+0.20}_{0}$	超差不得分		3	
3			$40^{+0.20}_{0}$	超差不得分		3	
4			$135° \pm 4'$	超差不得分		3	
5		攻螺纹	$4 \times M4$	螺纹歪斜乱扣等缺陷酌情扣分		3	
6			M8			4	
7		锪孔	$\phi12$ 深 14 mm	不符合要求不得分		3	
8		外观	表面质量与刀纹	不符合要求不得分		3	
9	活动钳身	锉削	$28^{+0.20}_{0}$	超差不得分		3	
10			25 ± 0.10	超差不得分		3	
11			$40^{+0.20}_{0}$	超差不得分		3	
12			$45 \pm 4'$	超差不得分		3	
13			30 ± 0.10	超差不得分		3	
14		攻螺纹	$3 \times M4$	螺纹歪斜乱扣等缺陷酌情扣分		3	
15		锪孔	$\phi12$ 深 3 mm	不符合要求不得分		3	
16		铰孔	$\phi4H7$	不符合要求不得分		5	
17		外观	表面质量与刀纹	不符合要求不得分		3	

续表

序号	零件名称	项目	考核能容及内容/mm	评分标准	检测结果	配分	得分
18	底座	锉削	55 ± 0.05	超差不得分		3	
19			28 ± 0.05	超差不得分		3	
20			腰形槽 12×6	不符合要求不得分		3	
21		锪孔	$\phi 8.5$ 深 4.5 mm	不符合要求不得分		3	
22	固定钳身	刮削	25×25 显点 $12 \sim 15$	不符合要求不得分		5	
23	钳口	锉削	$28_{0}^{+0.20}$（两处）	超差不得分		3	
24			$11_{0}^{+0.20}$（两处）	超差不得分		3	
25		锪孔	$\phi 7.5$	不符合要求不得分		3	
26		锯割	钳口网纹	视缺陷酌情扣分		3	
27	装配、文明生产	配合	手柄自然下落	不符合要求不得分		3	
28			丝杆转动灵活	不符合要求不得分		3	
29			钳口夹紧时接触情况	不符合要求不得分		3	
30			整体结构整齐、无歪斜	不符合要求不得分		3	
31		抛光	抛光亮度均匀、无划痕	视缺陷酌情扣分		5	
32		文明生产	安全文明生产按行业规定执行	不符合要求的酌情从总得分中扣分			
33			操作及工艺规程正确	同上			
总　分							

4. 教师评价

（1）工作页

□已完成并提交

□未完成　未完成原因：＿＿＿＿＿＿＿＿＿＿＿＿

（2）5S 评价

□工具摆放整齐　　　　□工位清理干净　　　　□安全生产

（3）作品完成情况

学习我们是认真的！

□未完成　　　□合格　　　□良好　　　□优秀

评语：　　　　　　　　　　　　　　　　　　　　　　日期：

| 工作页 | 项目 8　坦克钳加工 | 姓名： | 学号： |
| | 学习领域：钳工技术 | 班级： | 日期： |

教学目标

（1）掌握钳工生产的安全技术要求。

（2）强化基准的选择在加工中的重要性。

（3）强化钻床的基本结构并能够熟练使用。

（4）强化扩孔、铰孔、锪孔方法。

（5）掌握机械部件装配的基本知识。

导入

1. 划线

（1）只需在工件一个表面上划线（见图 1-8-1）就能明确表示工件加工界线的称（　　）。需要在工件两个以上的表面划线（见图 1-8-2）才能明确表示加工界线的，称为（　　）。

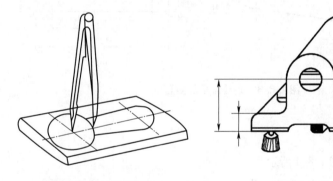

图 1-8-1　平面划线　　　　　　　图 1-8-2　立体划线

（2）划线的作用是确定工件加工面的（　　）与（　　），给下道工序划定明确的尺寸界限。当毛坯出现某些缺陷时，可通过划线时的"（　　）"方法，来达到一定的补救目的。

（3）划线平板放置时应使工作表面处于（　　）；平板工作（表面）应保持清洁；工件和工具在平板上应轻拿轻放，不可损伤其工作表面；不可在平板上进行（　　）；用完后要擦拭干净，并涂上机油防锈。

（4）划线前，必须认真分析图纸的技术要求和工件加工的工艺规程，合理选择（　　），确定划线位置、划线步骤和划线方法。在工件图上用来确定其他（　　）、（　　）、（　　）位置的基准，称为（　　）。划线基准是指在划线时选择工件上的某个点、线、面作为依据，用它来确定工件的各部分尺寸、几何形状及相对位置。

①以两个相互垂直的平面或直线为划线基准，如图 1-8-3（a）所示。

②以两个互相垂直的中心线为划线基准，如图 1-8-3（b）所示。

③以一个平面和一条中心线为划线基准，如图 1-8-3（c）所示。

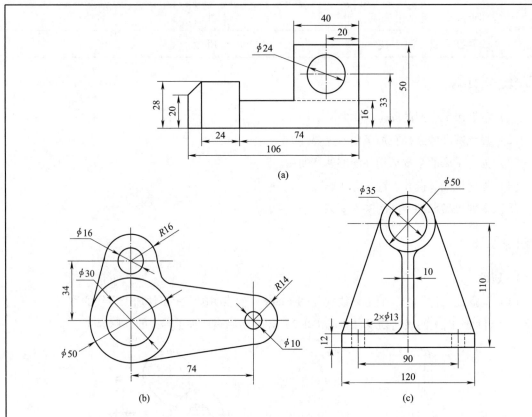

图 1-8-3　划线基准的类型

2. 曲面锉削

（1）外圆弧的锉削，如图 1-8-4 所示。

图 1-8-4（a）运动形式：上下摆动式用（　　）加工。

图 1-8-4（b）所示工件加工方法：将工件锯成多棱形横向锉削，锉至划线处后改用顺锉法进一步加工，横向圆弧锉法，用于圆弧粗加工；滚锉法用于精加工或余量较小时。

（2）内圆弧锉削

图 1-8-5（a）运动形式：前进运动、向左或向右移动、绕锉刀中心线转动；三个运动同时完成、使用工具为半圆锉。

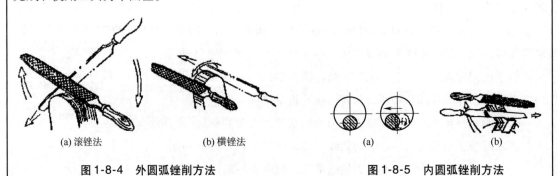

（a）滚锉法　　　　　（b）横锉法　　　　　　　　　（a）　　　　　　（b）

图 1-8-4　外圆弧锉削方法　　　　　　图 1-8-5　内圆弧锉削方法

图 1-8-5（b）所示工件加工方法：将工件大部分余量去除后，用圆锉或半圆锉对工件进行加工，锉削过程中三个运动同时进行锉至加工线后改用推锉法顺锉纹并进行检查修正。

（3）检测方法：检查圆弧角半径尺寸是否合格的量规称为（　　），简称 R 规。半径样板可分为检查（　　）圆弧的凹形样板和检查（　　）圆弧的凸形样板两种。半径样板也成套地组成一组，根据半径范围，常用的有三套，每组由凹形和凸形样板各 16 片组成，每片样板都是用 0.5 mm 厚的不锈钢板制造的，如图 1-8-6（a）所示。

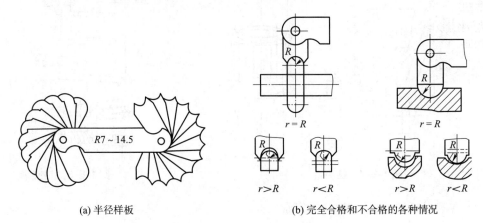

(a) 半径样板　　　　　　　　　　　(b) 完全合格和不合格的各种情况

图 1-8-6　检查圆弧角变径

用半径样板检查圆弧角时，先选择与被检圆弧角半径尺寸相同的样板，将其靠紧被测圆弧角，要求样板平面与被测圆弧垂直即样板平面的延长线将通过被测圆弧的圆心，用透光法查看样板与被测圆弧的接触情况，完全不透光为合格；如果有透光现象，则说明被检圆弧角的弧度不符合要求，几种情况分别如图 1-8-6（b）所示。

若要测量出圆弧角的未知半径，则选用近似值的样板与被测圆弧角相靠，完全吻合时，所用样板的数值即为被测圆弧角的半径。

3. 孔加工

（1）钻削的特点。因钻削时，钻头是在（半封闭）的状态下切削的，且转速高，切削量大，排削有以下几大特点：

①摩擦严重，需要的切削力较大。

②产生的热量多，而且传热、散热困难，切削温度较高。

③由于钻头的高速旋转和较高的切削温度，造成钻头磨损严重。

④由于钻削时的挤压和摩擦容易产生孔壁的冷作硬化现象给下道工序增加困难。

⑤钻头细而长，钻孔容易产生振动。

钻孔加工精度低，尺寸精度只能达到 IT11～IT10，粗糙度只能达到 Ra25～100 μm。

（2）钻夹头与钻夹套，如图 1-8-7，图 1-8-8 所示。

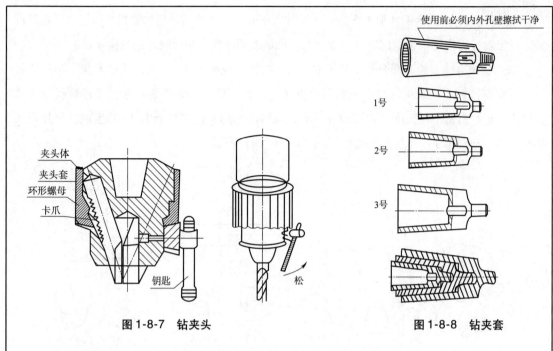

图 1-8-7　钻夹头

图 1-8-8　钻夹套

（3）钻套的拆卸方法如图 1-8-9 所示。

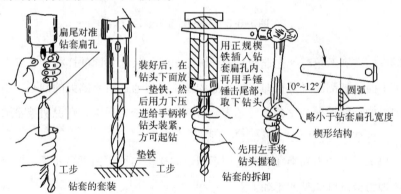

图 1-8-9　钻套的拆卸方法

（4）扩孔。

直径超过 30 mm 的孔一般分两次进行加工，第一次用（0.5～0.7）D 的钻头进行加工，再用所需直径的钻头将孔扩大到所要求的直径。分两次钻削，既有利于钻头的使用，也有利于提高钻孔质量。用扩孔钻或麻花钻，将工件上原有的孔进行扩大加工的方法称为扩孔。查阅相关资料，写出扩孔的特点及扩孔时的注意事项。

扩孔的特点：

扩孔的注意事项：

（5）锪孔。

用锪钻或用麻花钻改制的锪钻进行孔口形面的加工，称为锪孔。查阅相关资料，结合图 1-8-10 填写以下内容。

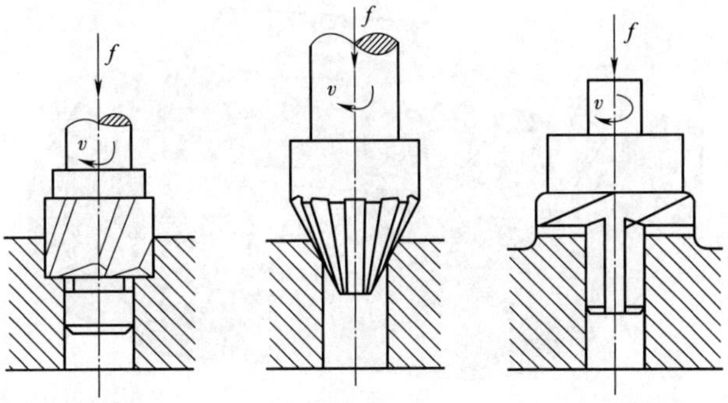

(a) 锪柱孔　　　　　(b) 锪锥孔　　　　　(c) 锪端面

图 1-8-10　锪孔形式

①锪孔的形式有：_____；_____；_____。

锪孔的主要作用是：

②锪孔时刀具容易产生振动使所锪的端面或锥面出现振痕，特别是使用麻花钻改制的锪钻，振痕更为严重。为此在锪孔时应注意以下几点：

a.

b.

c.

（任务）

请按照图纸（见图1-8-11、图1-8-12）的尺寸公差要求、形位公差要求完成加坦克钳加工。

图1-8-11　坦克三维视图

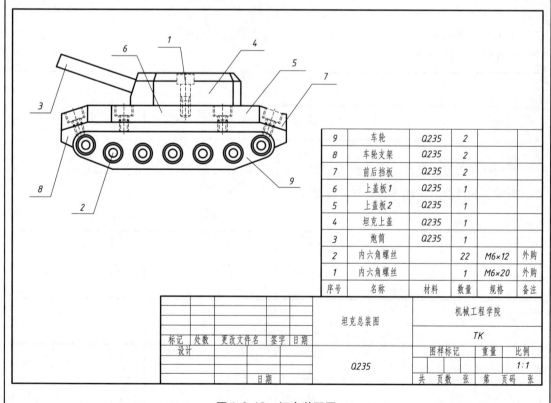

9	车轮	Q235	2		
8	车轮支架	Q235	2		
7	前后挡板	Q235	2		
6	上盖板1	Q235	1		
5	上盖板2	Q235	1		
4	坦克上盖	Q235	1		
3	炮筒	Q235	1		
2	内六角螺丝		22	M6×12	外购
1	内六角螺丝		1	M6×20	外购
序号	名称	材料	数量	规格	备注

坦克总装图　　机械工程学院　　TK

标记	处数	更改文件名	签字	日期

设计　　　　Q235　　　　图样标记　重量　比例　1:1

日期　　　共 页数 张　第 页码 张

图1-8-12　坦克装配图

📺 行动

1. 车轮钳加工

（1）车轮零件图，如图1-8-13所示。

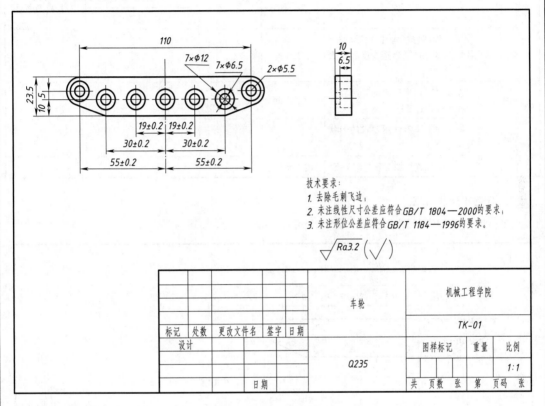

图1-8-13 车轮零件图

（2）制订车轮加工工艺卡，填写各工序所用的设备、工具、量具及对应工序内容的工艺简图（见图1-8-14）的序号。

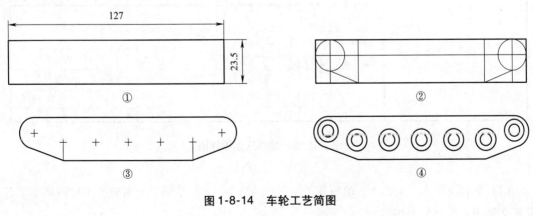

图1-8-14 车轮工艺简图

(单位名称)	加工 工艺卡	产品名称	坦克	图号		01	
(单位名称)	加工 工艺卡	零件名称	车轮	数量	2	第 页	
材料成分	Q235	毛坯尺寸：				共 1 页	
名 称	工序内容	车 间	设 备	工具		工艺简图序号	
名 称	工序内容	车 间	设 备	量具刃具辅具		工艺简图序号	
锉削	按零件图锉削加工 127 × 23.5 的长方体，并符合直线度和垂直度要求	钳工车间					
划线	按零件图划出车轮的轮廓界线及各个孔的位置线	钳工车间					
锉削	锉削加工至零件图要求的形状及尺寸	钳工车间					
钻孔	按孔的位置线加工各个沉头孔	钳工车间					

2. 坦克支架钳加工

（1）坦克支架零件图，如图 1-8-15 所示。

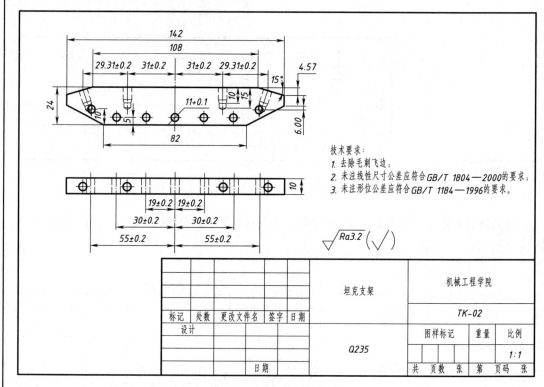

图 1-8-15 坦克支架零件图

（2）制订支架加工工艺卡，填写各工序所用的设备、工具、量具及对应的工序内容和工艺简图（见图 1-8-16）的序号。

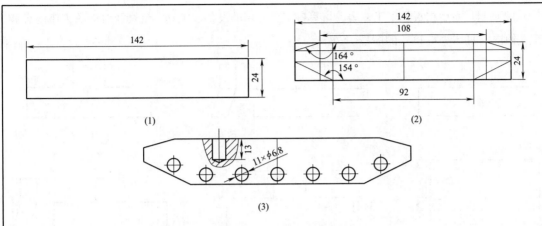

(1)

(2)

(3)

图 1-8-16 支架工艺简图

（单位名称）		加工 工艺卡	产品名称	坦克	图号		02	
			零件名称	坦克支架	数量		2	第 页
材料成分	Q235		毛坯尺寸：					共1页
名 称	工序内容		车 间	设 备	工具		工艺简图序号	
					量具刃具辅具			
锉削			钳工车间					
划线、锉削			钳工车间					
钻孔			钳工车间					

3. 前后挡板钳加工

（1）前后挡板零件图，如图 1-8-17 所示。

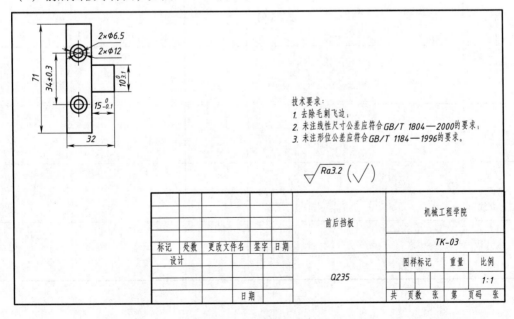

技术要求：
1. 去除毛刺飞边；
2. 未注线性尺寸公差应符合GB/T 1804—2000的要求；
3. 未注形位公差应符合GB/T 1184—1996的要求。

$\sqrt{Ra3.2}$ ($\sqrt{\ }$)

					前后挡板	机械工程学院		
						TK-03		
标记	处数	更改文件名	签字	日期		图样标记	重量	比例
设计					Q235			1:1
				日期		共 页数 张	第 页码 张	

图 1-8-17 前后挡板零件图

（2）制订前后挡板加工工艺表，填写各工序所用的设备、工具、量具及对应的工序内容和工艺简图（见图1-8-18）的序号。

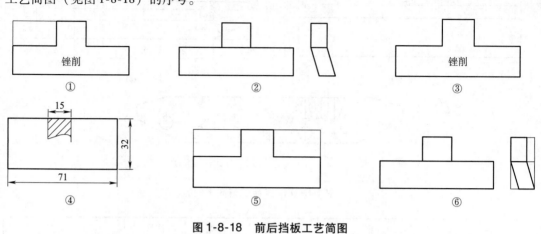

图1-8-18 前后挡板工艺简图

（单位名称）		加工 工艺卡	产品名称	坦克	图号		03
			零件名称	前后挡板	数量	2	第 页
材料成分	Q235		毛坯尺寸：				共1页
名 称	工序内容		车 间	设 备	工具		工艺简图序号
					量具刃具辅具		
锉削			钳工车间				
划线			钳工车间				
锉削			钳工车间				
锉削			钳工车间				
划线 （平面＋ 立体划线）			钳工车间				
锉削			钳工车间				

4. 加工上盖板 1

（1）上盖板 1 零件图，如图 1-8-19 所示。

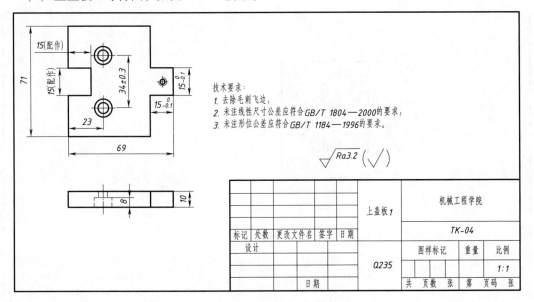

技术要求：
1. 去除毛刺飞边；
2. 未注线性尺寸公差应符合GB/T 1804—2000的要求；
3. 未注形位公差应符合GB/T 1184—1996的要求。

	上盖板 1	机械工程学院		
标记 处数 更改文件名 签字 日期		TK-04		
设计		图样标记	重量	比例
	Q235			1:1
日期		共 页数 张	第 页码 张	

图 1-8-19 上盖板 1 零件图

（2）制订上盖板 1 加工工艺表，填写各工序所用的设备、工具、量具及对应的工序内容和工艺简图（见图 1-8-20）的序号。

①   锉削长方体 ②   ③

图 1-8-20 上盖板 1 工艺简图

（单位名称）		加工工艺卡	产品名称	坦克	图号		04	
			零件名称	上盖板 1	数量		1	第 页
材料成分	Q235		毛坯尺寸：					共 1 页
名 称	工序内容		车 间	设 备	工具			工艺简图序号
					量具刃具辅具			
锉削			钳工车间					
划线、钻孔			钳工车间					
攻螺纹、锉削			钳工车间					

5. 上盖板2钳加工

（1）上盖板2零件图，如图1-8-21所示。

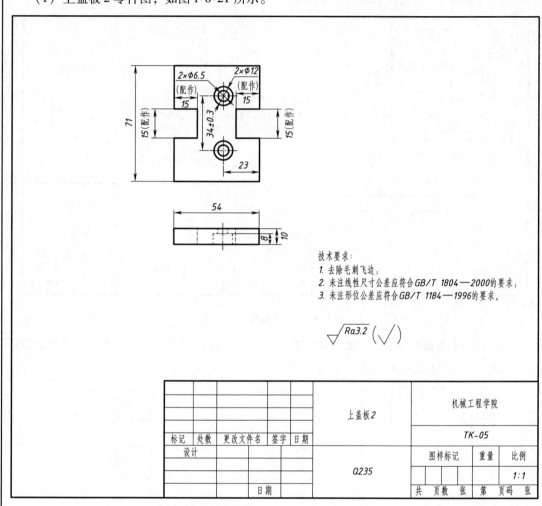

技术要求:
1. 去除毛刺飞边;
2. 未注线性尺寸公差应符合GB/T 1804—2000的要求;
3. 未注形位公差应符合GB/T 1184—1996的要求。

$\sqrt{Ra3.2}$ ($\sqrt{}$)

					上盖板2	机械工程学院
标记	处数	更改文件名	签字	日期		TK-05
设计						
					Q235	图样标记 / 重量 / 比例
			日期			1:1
						共 页数 张 / 第 页码 张

图1-8-21 上盖板2零件图

（2）制订上盖板2加工工艺表，填写各工序所用的设备、工具、量具及对应的工序内容和工艺简图（见图1-8-22）的序号。

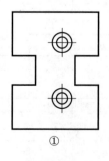
①

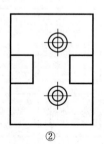
②

锉削长方体
③

图1-8-22 上盖板2工艺简图

(单位名称)	加工工艺卡	产品名称	坦克	图号		05	
		零件名称	上盖板2	数量	1	第 页	
材料成分	Q235		毛坯尺寸:			共1页	

名 称	工序内容	车 间	设 备	工具 量具刃具辅具	工艺简图序号
锉削		钳工车间			
划线、钻孔		钳工车间			
攻螺纹、锉削		钳工车间			

6. 加工坦克上盖

（1）坦克上盖零件图，如图 1-8-23 所示。

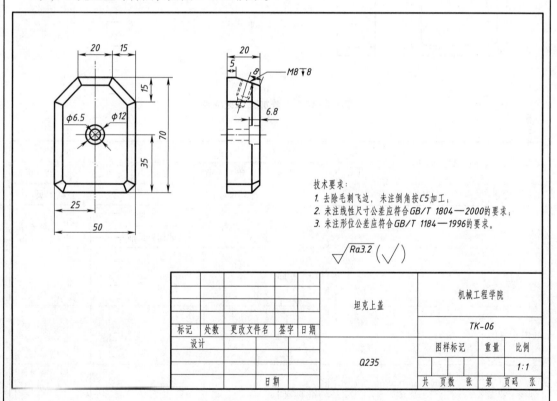

图 1-8-23 上盖零件图

（2）制订坦克上盖加工工艺表，填写各工序所用的设备、工具、量具及对应的工序内容和工艺简图（见图 1-8-24）的序号。

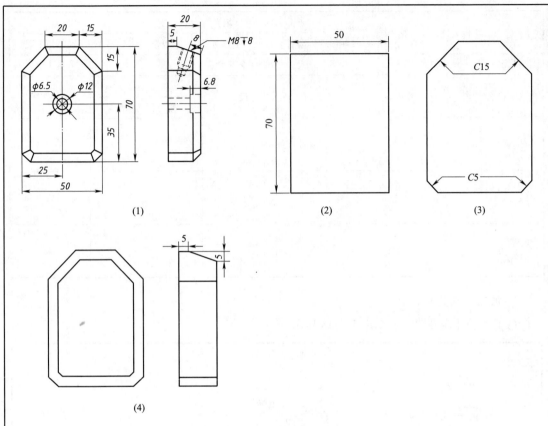

(1)　　　　　　　　　　(2)　　　　　　　　　(3)

(4)

图 1-8-24　上盖加工工艺简图

（单位名称）	加工工艺卡	产品名称	坦克	图号		06	
		零件名称	坦克上盖	数量	1	第　页	
材料成分	Q235	毛坯尺寸：				共1页	
名　称	工序内容	车　间	设　备	工具		工艺简图序号	
				量具刃具辅具			
锉削		钳工车间					
划线、锉削		钳工车间					
划线、锉削		钳工车间					
钻孔、攻螺纹		钳工车间					

7. 炮筒钳加工

（1）炮筒零件图，如图 1-8-25 所示。

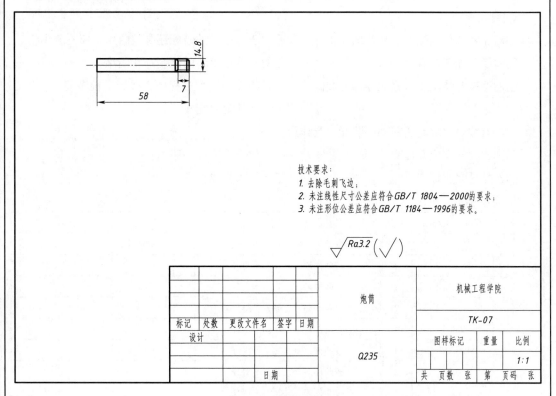

技术要求：
1. 去除毛刺飞边；
2. 未注线性尺寸公差应符合GB/T 1804—2000的要求；
3. 未注形位公差应符合GB/T 1184—1996的要求。

$\sqrt{Ra3.2}\left(\sqrt{}\right)$

标记	处数	更改文件名	签字	日期		炮筒		机械工程学院		
设计								TK-07		
							图样标记	重量	比例	
						Q235			1:1	
			日期				共　页数　张	第　页码　张		

图 1-8-25　炮筒零件图

（2）制订炮筒加工工艺表，填写各工序所用的设备、工具、量具及对应的工序内容。

（单位名称）		加工工艺卡	产品名称	坦克	图号		07	
			零件名称	坦克炮筒	数量		1	第　页
材料成分	Q235		毛坯尺寸：				共1页	
名　称	工序内容		车　间	设　备	工具		工艺简图序号	
					量具刃具辅具			
划线、锯割、锉削			钳工车间					
套螺纹			钳工车间					

纠错

（1）工、量、夹具使用纠错。

（2）工艺制订纠错。

（3）过程纠错及5S点评。

评价

1. 自我评价

□对于零部件装配有了初步的认识　　　　□对于零部件的装配还是很陌生，摸不着头绪

□对于装配工艺有所理解　　　　　　　　□对于装配工艺的编制存在困难

□能够按照装配要求完成零部件装配　　　□在零部件装配过程中，遇到了很多问题，但是都能够解决完成。

□没有按照要求完成零部件装配，具体原因是：_____。

□工作页已完成并提交　　　　　　　　　□工作页未完成　原因：_____

□作品已完成提交　　　　　　　　　　　□作品未完成提交

2. 考核标准评分表

名称	尺寸要求/mm	配分	评分标准	自测评分	教师评分
车轮	19 ± 0.2	2	按两件评分，超差不得分		
	38 ± 0.2	2	按两件评分，超差不得分		
	55 ± 0.2	2	按两件评分，超差不得分		
	23.5	2	按两件评分，超差不得分		
	$R8.5$	4	按两件评分，超差不得分		
	$\phi12$、$\phi6.5$	4	按两件评分，超差不得分		
	6.8	2	按两件评分，超差不得分		
车轮支架	142	1	按两件评分，超差不得分		
	24	1	按两件评分，超差不得分		
	108	2	按两件评分，超差不得分		
	92	1	按两件评分，超差不得分		
	31 ± 0.2	2	按两件评分，超差不得分		
	29.31 ± 0.2	2	按两件评分，超差不得分		
	16°	2	按两件评分，超差不得分		
	6.98	1	按两件评分，超差不得分		
	10	1	按两件评分，超差不得分		
	5	1	按两件评分，超差不得分		
	M8	3	按两件评分，超差不得分		
前后挡板	71	2	按两件评分，超差不得分		
	32	1	按两件评分，超差不得分		
	18 − 0.1	3	按两件评分，超差不得分		
	15 − 0.1	3	按两件评分，超差不得分		
	34 ± 0.1	1	按两件评分，超差不得分		
	10	2	按两件评分，超差不得分		
	164°	2	按两件评分，超差不得分		
	沉头孔	1	按两件评分，超差不得分		

名称	尺寸要求/mm	配分	评分标准	自测评分	教师评分
上盖板	71	2	超差不得分		
	69	2	超差不得分		
	18 − 0.1	3	超差不得分		
	15 − 0.1	3	超差不得分		
	34 ± 0.3	2	超差不得分		
	23	2	超差不得分		
	与挡板配合	5	配合间隙 0.1 mm，配合面 5 面		
	钻孔	1	超差不得分		
上盖板	71	2	超差不得分		
	54	2	超差不得分		
	34 ± 0.3	2	超差不得分		
	23	2	超差不得分		
	与盖板 1 配合	5	配合间隙 0.1 mm，配合面 5 面		
	与挡板配合	5	配合间隙 0.1 mm，配合面 5 面		
坦克上盖	70	1	超差不得分		
	50	1	超差不得分		
	2 × C15	2	超差不得分		
	C5	4	超差不得分		
	35	0.5	超差不得分		
	25	0.5	超差不得分		
	8	1	超差不得分		
炮筒	58	0.5	超差不得分		
	7	0.5	超差不得分		
	M8	1	超差不得分		
总分					

3. 教师评价度

（1）工作页

□已完成并提交

□未完成　未完成原因：

（2）5S 评价　　　学习我们是认真的！！

□工具摆放整齐　　　　□工位清理干净　　　　□安全生产

（3）作品完成情况

□未完成　　　　□合格　　　　□良好　　　　□优秀

评语：　　　　　　　　　　　　日期：

第二部分 实操训练模块

项目 1　　滑块的钳加工

一、教学目标

（1）了解钳工在工业生产中的工作任务。

（2）了解划线、锯割、锉削、钻孔方法及应用。

（3）了解钻孔、扩孔、铰孔的方法。

（4）掌握钳工常用工具、量具的使用方法。

（5）掌握攻螺纹底孔直径确定的方法。

（6）掌握攻螺纹方法。

（7）能做好现场6S管理。

二、工作内容

（1）划线操作。

（2）锯削、锉削与工件检测。

（3）孔加工。

（4）螺纹的加工与盲孔螺纹深度计算。

三、项目描述

下面我们将完成滑块的加工，零件图如图2-1-1所示。

四、项目分析

滑块加工是装配钳工的入门实践环节之一，通过对滑块的加工初步掌握钳工基本技能锉削、锯割、划线、钻孔、攻螺纹、测量等。

五、器材清单

本实训项目中需使用的器材见表2-1-1。

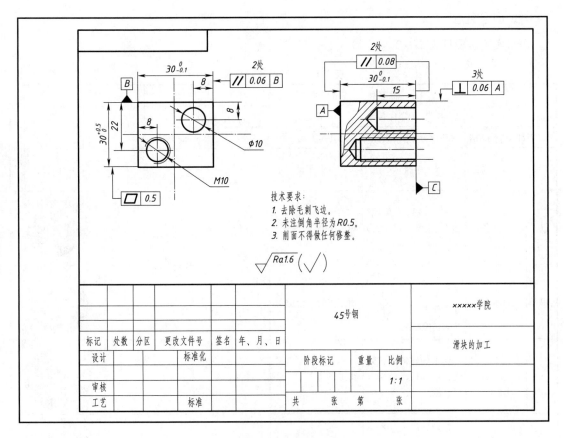

图 2-1-1 滑块零件图

表 2-1-1 器材准备清单

序 号	名 称	规 格	精 度	数 量	备 注
1	高度游标尺卡尺	0~300 mm	0.02 mm	1 把	
2	游标卡尺	0~150 mm	0.02 mm	1 把	
3	直角尺	100 mm×80 mm	1 级	1 把	
4	刀口尺	100 mm	1 级	1 把	
5	千分尺	25~50 mm	0.01 mm	1 把	
6	锉刀	自定		自定	
7	直柄麻花钻	自定		自定	
8	锉刀刷及毛刷	自定		自定	
9	软钳口	自定		1 付	
10	划线工具	自定		自定	
11	锯弓锯条	自定		自定	
12	丝锥	M10		自定	
13	材料	φ45 mm×31 mm		1	

六、项目实施

项目实施步骤见表2-1-2。

表 2-1-2 项目实施步骤

（单位名称）		加工工艺卡	产品名称	滑块的加工		图号			
			零件名称	滑块		数量		1	第　页
材料种类	45钢	材料成分		毛坯尺寸		$\phi45\ mm \times 31\ mm$			共　页
工序	工步	名称	工序内容	车间	设备	工具		三维图示
						量具刃具	辅具	
1		备料	按下料示意图，加工毛坯，尺寸为 $\phi45\ mm \times 31\ mm$	钳工车间	车床	切刀		
2		锉削	按零件图1锉削加工外形尺寸，保证尺寸精度 $30_{-0.10}^{\ 0}$ 及相应几何精度要求	钳工车间	台虎钳	锉刀、游标卡尺、千分尺、刀口直尺	软钳口、毛刷	
3		划线	划出的线清晰，划线完成以后，应用卡尺检测	钳工车间	平台	划线工具		
4		锉削	锯割，加工基准 B 面。保证尺寸精度 (37 ± 0.5) mm 及相应几何精度要求	钳工车间	台虎钳	锉刀、游标卡尺、刀口直尺、直角尺等	软钳口、毛刷	
5		锉削	锯割，加工基准 B 的侧边。保证尺寸精度 37 ± 0.5 及相应几何精度要求	钳工车间	台虎钳	锉刀、游标卡尺、刀口直尺、直角尺	软钳口、毛刷	
6		锉削	锯割，加工侧边。保证尺寸精 $30_{-0.1}^{\ 0}$ 及相应几何精度要求	钳工车间	台虎钳	锉刀、刀口直尺、千分尺	软钳口、毛刷	
7		锯割	锯割，以基准 B 为基准划线 30 mm，保证尺寸精度 $30_{0}^{+0.5}$	钳工车间	台虎钳	划线工具、卡尺、手锯等	软钳口、毛刷	
8		钻孔	划出的清晰线，样冲点应清晰准确，根据螺纹钻出底孔，达到深度要求	钳工车间	台钻	卡尺、平口钳、钻头、乳化液	软钳口、毛刷	

续表

（单位名称）		加工 工艺卡	产品名称	滑块的加工		图号				
			零件名称	滑块		数量		1	第 页	
材料种类	45钢	材料成分		毛坯尺寸		$\phi45\ mm\times31\ mm$			共 页	
工序	工步	名称	工序内容	车间	设备	工 具		三维图示		
						量具刃具	辅具			
9		攻丝	在螺纹底孔孔口倒角，倒角处直径略大于螺孔大径，这样可以使螺纹容易切入	钳工车间	台虎钳	铰杠、手用丝锥、切削液	软钳口、毛刷			

七、项目评价

考评依据见表 2-1-3 所示评分标准。

表 2-1-3　评分标准

评 分 标 准								
姓名		考号		开工时间		结束时间		
考核项目	考核内容		考核要求/mm	配分	评分标准	学生检测	教师检测	备 注
锉削	1	尺寸精度	$30\ _{-0.10}^{\ 0}$（2处）	18	超差不得分			
	2	平行度	0.08（2处）	10	超差不得分			
	3	垂直度	0.06（3处）	15	超差不得分			
钻孔	4	尺寸精度	8 ± 0.3	7	超差不得分			
攻丝	5	垂直度	0.3	10	超差不得分			
锯割面	6	平面度	0.50	15	超差不得分			
	7	尺寸精度	$30\ _{\ 0}^{+0.50}$	10	超差不得分			
表面	8	表面质量	$Ra\leqslant1.6\ \mu m$	15	超差不得分			
其他		违反安全文明生产有关规定，酌情倒扣1~5分			总分			

八、注意事项

（1）锯割面严禁两面起锯。

（2）锯割面，严禁用锉刀、砂布进行修整。

（3）攻螺纹时，要从两个方向进行垂直度校正，这是保证攻螺纹质量的重要一环。

（4）起攻时，两手用力应均匀，丝锥切入工件后要经常倒转 1/4 或 1/2 圈后，使切屑碎断后容易排出。

（5）攻螺纹时，必须以头锥、二锥攻削至标准尺寸，对于较硬的材料，可轮换各丝锥交替攻下。

（6）攻盲孔可在丝锥上做好深度标记，经常退出丝锥，清除孔内的切屑。

项目2　　角度块对配

一、教学目标

（1）了解钳工在工业生产中的工作任务。

（2）了解划线、锯割、锉削、钻孔方法及应用。

（3）了解钻孔、扩孔、铰孔的方法。

（4）掌握钳工常用工具、量具的使用方法。

（5）掌握角度配合的方法。

（6）了解影响配合精度的因素，工件的检测及误差的修整方法。

（7）能做好现场6S管理。

（8）养成学生求真务实、踏实严谨的工作作风。

二、工作内容

（1）划线操作。

（2）锯削、锉削与工件检测。

（3）孔加工。

三、项目描述

下面我们将完成角度块对配的加工，装配示意图如图2-2-1所示。

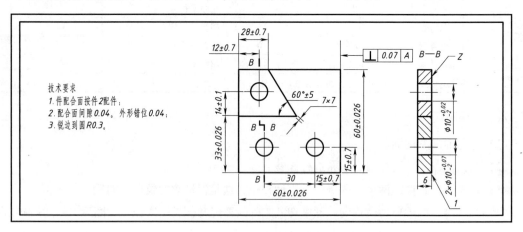

图2-2-1　角度块对配训练图及技术要求

四、项目分析

该项目通过对两配合件的加工，使学生初步掌握钳工基本配合技能及技巧，对后续复杂零件加工及装配有一定的基础指导作用。加工时应注意交角处的清根及已加工表面的保护。

五、器材清单

本项目中需使用的器材见表2-2-1。

表 2-2-1 器材准备清单

序 号	名 称	规 格	精 度	数 量	备 注
1	高度游标尺卡尺	0 ~ 300 mm	0.02 mm	1 把	
2	游标卡尺	0 ~ 150 mm	0.02 mm	1 把	
3	直角尺	100 mm × 80 mm	1 级	1 把	
4	刀口尺	100 mm	1 级	1 把	
5	千分尺	0 ~ 25 mm	0.01 mm	1 把	
6	千分尺	25 ~ 50 mm	0.01 mm	1 把	
7	千分尺	50 ~ 75 mm	0.01 mm	1 把	
8	正弦规	100 × 80 mm	1 级	1 把	
9	万能角度尺	0 ~ 320°	2′	1 把	
10	塞尺	自定	自定	1 套	
11	塞规	ϕ10 mm	H7	1 套	
12	锉刀	粗锉、中锉、三角粗锉标、三角中锉,什锦锉		自定	
13	直柄麻花钻	ϕ9.8 mm		自定	
14	手用或机用铰刀	ϕ10 mm	H7	1	
15	铰杠	自定		自定	
16	锉刀刷及毛刷	自定		自定	
17	软钳口	自定		1 付	
18	划线工具	自定		自定	
19	锯弓锯条	自定		自定	
20	手锤、錾子	自定		自定	
21	杠杆表及表架	自定		1 套	
22	划线平台	自定		1	
23	量块	自定		1 套	
24	丝锥	M8		自定	

六、项目实施

项目实施步骤见表 2-2-2。

表 2-2-2 项目实施步骤

件1加工工艺步骤			加工工艺卡	产品名称	角度块对配		图号		
				零件名称	件1		数量	1	第 页
材料种类	45 钢	材料成分		毛坯尺寸		62 mm × 62 mm × 8 mm			共 页
工序	工步	名称	工序内容	车 间	设 备	工 具			三维图示
						量具刃具	辅具		
1		备料	按下料示意图,加工毛坯,尺寸为 62 mm × 62 mm × 8 mm	钳工车间	台虎钳	手锯			
2		锉削	锉削两个互相垂直的基准面	钳工车间	台虎钳	锉刀、游标卡尺、刀口直尺、直角尺	软钳口、毛刷		

续表

件1加工工艺步骤		加工工艺卡	产品名称	角度块对配		图号			
			零件名称	件1		数量		1	第 页
材料种类	45钢	材料成分		毛坯尺寸		62 mm×62 mm×8 mm			共 页
工序	工步	名称	工序内容	车间	设备	工具		三维图示
						量具刃具	辅具	

工序	工步	名称	工序内容	车间	设备	量具刃具	辅具	三维图示
3		划线	按要求划出件1轮廓线并打样冲眼	钳工车间		划线工具		
4		锯割	去余料留0.5 mm锉削余量	钳工车间	台虎钳	手锯	软钳口、毛刷	
5		锉削	保证尺寸精度（60±0.026）mm 和（60±0.026）mm 及相应几何精度要求	钳工车间	台虎钳	锉刀、游标卡尺、刀口直尺、直角尺	软钳口、毛刷	
6		锉削	加工豁口水平面，保证尺寸（33±0.026）mm	钳工车间	台虎钳	锉刀、刀口直尺、游标卡尺、直角尺	软钳口、毛刷	
7		锉削	加工豁口斜面，保证尺寸60°±5′、（18±0.1）mm	钳工车间	台虎钳	锉刀、刀口直尺、角度尺	软钳口	
8		钻孔	根据图样要求，划线、钻孔	钳工车间	台钻	钻头、铰杠		
9		修整	去毛刺，倒圆R0.3 mm	钳工车间	台虎钳	锉刀	软钳口	

件2加工工艺步骤		加工工艺卡	产品名称	角度块对配		图号			
			零件名称	件1		数量		1	第 页
材料种类	45钢	材料成分		毛坯尺寸		37 mm×30 mm×8 mm			共 页

工序	工步	名称	工序内容	车间	设备	量具刃具	辅具	三维图示
1		备料	按下料示意图，加工毛坯，尺寸为37 mm×30 mm×8 mm	钳工车间	台虎钳	手锯		
2		锉削	锉削两个互相垂直的基准面	钳工车间	台虎钳	锉刀、游标卡尺、千分尺、刀口直尺、直角尺	软钳口、毛刷	

件2加工工艺步骤				加工工艺卡	产品名称	角度块对配		图号			
					零件名称	件2		数量	1	第 页	
材料种类	45钢	材料成分			毛坯尺寸		37 mm×30 mm×8 mm			共 页	
工序	工步	名称	工序内容		车间	设备	工 具			三维图示	
							量具刃具	辅具			
3		划线	按要求划出件2轮廓线并打样冲眼		钳工车间	台虎钳	划线工具				
4		锯割	去余料留0.5 mm锉削余量		钳工车间	台钻	手锯	软钳口			
5		锉削	保证尺寸60°±5′,(33±0.026) mm,留0.1 mm修配余量		钳工车间	台虎钳	锉刀、游标卡尺、千分尺、角度尺、刀口尺、直角尺	软钳口、毛刷			
6		锉配	以件1为基准锉配(33±0.026) mm保证配合间隙0.04 mm		钳工车间	台虎钳	锉刀、游标卡尺、千分尺、角度尺、刀口尺、直角尺	软钳口、毛刷			
7		锉配	以件1为基准锉配60°±5′,保证配合间隙0.04 mm		钳工车间	台虎钳	锉刀、游标卡尺、千分尺、角度尺、刀口尺	软钳口、毛刷			
8		修整	修整凸件,保证外形错位≤0.04 mm,保证(18±0.1) mm		钳工车间	台虎钳	锉刀、游标卡尺、千分尺、角度尺、刀口尺、直角尺	软钳口、毛刷			
9		孔加工	钻孔、铰孔		钳工车间	台钻	钻头、铰杠	平口钳、乳化液			
10		修整	去毛刺,倒圆$R0.3$ mm		钳工车间	台虎钳	锉刀、刀口直尺、角度尺	软钳口			

七、项目评价

考评依据见表2-2-3。

表2-2-3 评分标准

评 分 标 准								
姓名		学号		开工时间		结束时间		
考核项目	考核内容		考核要求	配分	评分标准	学生检测	教师检测	备 注
件1	锉削	尺寸精度	(60±0.026) mm/表面粗糙度Ra1.6 μm(2处)	8/2	超差不得分			
		尺寸精度	(33±0.026) mm	8	超差不得分			
		垂直度	0.01 mm	6	超差不得分			
		角度	60°±5′/Ra1.6 μm	8/2	超差不得分			
	孔加工	尺寸精度	(30±0.08) mm	6	超差不得分			
		尺寸精度	(15±0.1) mm(2处)	8	超差不得分			
		尺寸精度	$\phi10^{+0.02}_{0}$ mm/Ra1.6 μm(各2处)	5/2	超差不得分			

评 分 标 准

姓名		学号		开工时间		结束时间		
考核项目	考核内容		考核要求	配分	评分标准	学生检测	教师检测	备注
件2	锉削	尺寸精度	(18 ± 0.1) mm	8	超差不得分			
		角度	$60°\pm5'/Ra1.6$ μm（2 处）	8	超差不得分			
		垂直度	0.01 mm	6	超差不得分			
	孔加工	尺寸精度	$\phi10^{+0.02}_{0}/Ra1.6$ μm	2	超差不得分			
		尺寸精度	(14 ± 0.1) mm	2	超差不得分			
		尺寸精度	(12 ± 0.1) mm	2	超差不得分			
	锉配	配合间隙	≤0.04 mm（2 处）	8	超差不得分			
		错位量	≤0.04 mm（2 处）	4	超差不得分			
其他	违反安全文明生产有关规定，酌情倒扣 1~5 分			总分				

八、注意事项

（1）检验中要保持毛坯和量具的清洁，以免影响检验结果。

（2）锉削加工除保证尺寸外，主要保证平行度、垂直度等几何精度。

（3）内表面加工时，为了便于控制，一般应选择有关外表面作为测量基准，此外形基准面加工必须达到较高精度要求。

（4）60°斜面修配是关键，直接影响到配合间隙。

（5）在做配合修配时可通过透光法和涂色显示法来确定其修配部位和余量，逐步达到正确配合要求。

（6）修配时要注意综合分析，避免盲目修锉。

（7）零件各平面加工完后，要对各锐边进行倒角、去毛刺，以免影响尺寸的检测或配合间隙。

项目 3　角度件镶配

一、教学目标

（1）掌握角度件的锉配方法，达到配合精度要求。

（2）了解刮刀的材料、种类、结构和平面刮刀的尺寸及几何角度。

（3）能进行平面刮刀的热处理和刃磨。

（4）掌握粗、中、细刮的方法和要领。

（5）掌握钳工常用刃具的使用和刃磨方法。

（6）掌握钳工的基本操作技能，能按图样独立加工工件。

（7）能做好现场 6S 管理。

（8）养成学生求真务实、踏实严谨的工作作风。

二、工作内容

（1）划线操作。

（2）锯削、锉削、錾削加工。

（3）孔加工。

（4）刮削技能训练。

三、项目描述

下面我们将完成角度件镶配的加工，零件图如图 2-3-1 所示。

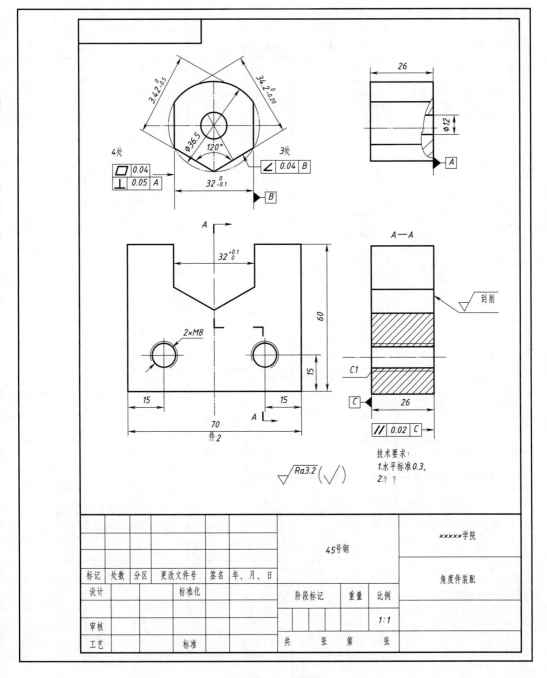

图 2-3-1 零件图

四、项目分析

通过对角度件的加工，可以更好地掌握万能角度尺、刀口尺、千分尺、正弦规配合使用的要领，进一步掌握运用三角函数，工艺尺寸链计算有关工艺尺寸，在工件中侧重于该件的加工工艺与要领，难点在于零件刮削方法的掌握与运用。

五、器材清单

本项目中需使用的器材见表2-3-1。

表2-3-1　器材准备清单

序 号	名　称	规　格	精　度	数　量	备　注
1	高度游标尺卡尺	0~300 mm	0.02 mm	1把	
2	游标卡尺	0~150 mm	0.02 mm	1把	
3	直角尺	100 mm×80 mm	1级	1把	
4	刀口尺	100 mm	1级	1把	
5	千分尺	0~25 mm	0.01 mm	1把	
6	千分尺	25~50 mm	0.01 mm	1把	
7	千分尺	50~75 mm	0.01 mm	1把	
8	正玄规	100×80 mm	1级	1把	
9	万能角度尺	0~320°	2′	1把	
10	塞尺	自定	自定	1套	
11	塞规	ϕ8 mm	ϕ8H7	1套	
12	锉刀	自定		自定	
13	直柄麻花钻	自定		自定	
14	手用或机用铰刀	ϕ8 mm	H7	1	
15	铰杠	自定		自定	
16	锉刀刷及毛刷	自定		自定	
17	软钳口	自定		1付	
18	划线工具	自定		自定	
19	锯弓锯条	自定		自定	
20	手锤、錾子	自定		自定	
21	杠杆表及表架	自定		1套	
22	划线平台	自定		1	
23	量块	自定		1套	
24	丝锥	M8		自定	
25	刮刀	自定		自定	

六、项目实施

项目实施步骤见表2-3-2。

表 2-3-2 项目实施步骤

件1加工工艺步骤	加工工艺卡	产品名称	角度件镶配		图号			
		零件名称	件1		数量		1	第 页
材料种类	45钢	材料成分		毛坯尺寸		$\phi36.5\times26$		共 页
工序	工步	名称	工序内容	车 间	设 备	工 具		三维图示
						量具刃具	辅具	
1		备料	按下料示意图，加工毛坯，尺寸为 $\phi36.5\times26$	车工车间	车床	外圆车刀、切断刀、千分尺		
2		划线	划出的线清晰，可利用分度头划线	钳工车间		划线工具		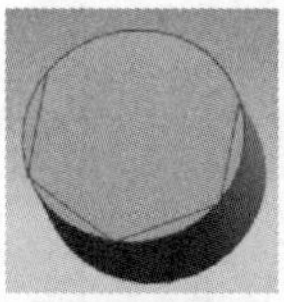
3		锉削	锯割，加工基准B面。保证尺寸$34.2_{-0.1}^{0}$	钳工车间	台虎钳	锉刀、游标卡尺、刀口直尺、直角尺等	软钳口、毛刷	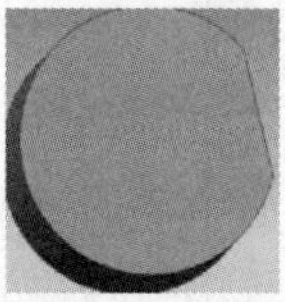
4		锉削	加工基准B对面，保证尺寸$32_{-0.1}^{0}$	钳工车间	台虎钳	锉刀、游标卡尺、刀口直尺、直角尺	软钳口、毛刷	
5		锉削	加工基准B邻边，保证尺寸$34.2_{-0.1}^{0}$	钳工车间	台虎钳	锉刀、刀口直尺、千分尺	软钳口、毛刷	
6		锉削	加工基准B对面邻边，保证尺寸$34.2_{-0.1}^{0}$	钳工车间	台虎钳	锉刀、刀口直尺、千分尺	软钳口	
7		钻孔	根据图样要求，划线、钻孔、攻螺纹	钳工车间	台虎钳	钻头、丝锥、铰杠		

钳工技术教学工作页

续表

件2加工工艺步骤		加工工艺卡		产品名称	角度件镶配		图号			
				零件名称	件2		数量		1	第 页
材料种类	45钢	材料成分		毛坯尺寸		72 mm×62 mm×26 mm				共 页
工序	工步	名称	工序内容	车 间	设 备	工 具				三维图示
						量具刃具		辅具		
1		备料	按下料示意图，加工毛坯，尺寸为72 mm×62 mm×26 mm	钳工车间	台虎钳	手锯				
2		锉削	按零件图2锉削加工外形尺寸，保证尺寸精度（70±0.05）mm和（60±0.05）mm及相应形位精度要求	钳工车间	台虎钳	锉刀、游标卡尺、千分尺、刀口直尺		软钳口、毛刷		
3		刮削	接触点25×25 mm² 面积不少于12点	钳工车间	台钻	划线工具				
4		划线	根据图纸要求，完成型腔划线	钳工车间	台虎钳	锉刀、游标卡尺、千分尺、刀口直尺		软钳口、毛刷		
5		去除余料	排孔锯割	钳工车间	台钻	钻头、手锯、錾子、手锤		软钳口、毛刷		
6		锉削	内型腔加工，与件1配锉	钳工车间	台虎钳	锉刀、游标卡尺、千分尺、正玄规、量块				
7		钻孔	铰孔	钳工车间	台钻	平口钳、乳化液				

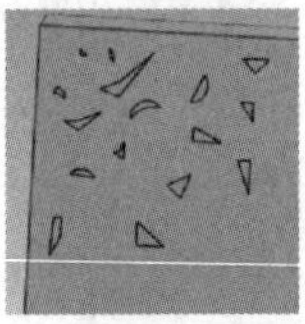

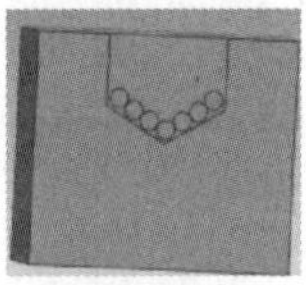

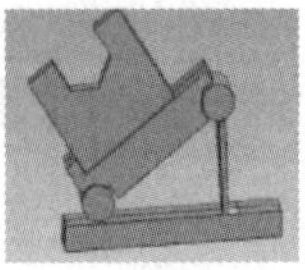

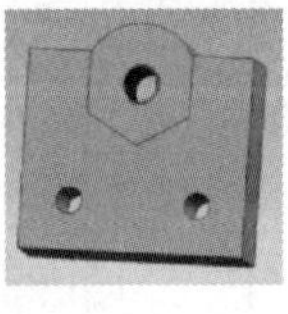

170

七、项目评价

考评依据见表 2-3-3 评分标准。

表2-3-3　评分标准

评 分 标 准								
姓名		学号		开工时间		结束时间		
考核项目	考核内容	考核要求	配分	评分标准	学生检测	教师检测	备 注	
件1	1　尺寸精度	$32_{-0.10}^{0}$	8	超差不得分				
	2　尺寸精度	$34.2_{-0.10}^{0}$（2处）	12	超差不得分				
	3　平面度	0.04 mm（4处）	8	超差不得分				
	4　角度	120°（3处）	9	超差不得分				
	5　垂直度	0.02（4处）	8	超差不得分				
	6　攻丝	0.10 mm	5	超差不得分				
件2	刮削　平行度	0.10 mm	8	超差不得分				
	刮削　接触点	25×25 mm^{2}不少于12点	10	超差不得分				
	刮削　划伤	无明显划伤	8	超差不得分				
	锉配　配合间隙	0.08 mm（4处）	20	超差不得分				
	锉配　尺寸精度	$\phi 8_{-0.021}^{0}$（2处）	4	超差不得分				
其他	违反安全文明生产有关规定，酌情倒扣1~5分			总分				

八、注意事项

（1）刮削时操作姿势要正确，落刀和起刀正确合理，防止梗刀。

（2）涂色研点时，平板必须放置稳定，施加压力要均匀，保证研点真实，同时研点表面必须保持清洁，防止划伤平板表面。

（3）每个研点尽量只刮一刀，逐步提高准确性。

（4）注意操作安全和对标准平板的爱护。

（5）使用正弦规时，注意轻拿轻放。

第三部分 实操考核与解析模块

一、实操考核试题

（一）实操试题1—加工直角尺

1. 考核要求

（1）试题图样如图3-1-1所示。

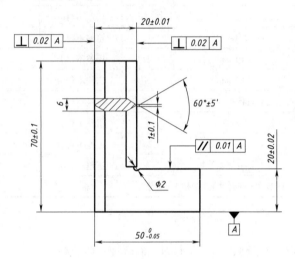

图3-1-1 直角尺零件图

2. 考核时间

（1）准备时间15 min，正式操作时间240 min。

（2）计时从领取工件开始，至完工交件结束。

（3）规定时间内全部完成，每超时3 min，从总分中扣1分，超时10 min，停止加工作业。

3. 配分与评分标准表

配分与评分标准见表3-1-1。

表3-1-1 评分标准

序号	考核项目	考核项目及要求	配分	评分标准	检测考核结果	得 分	备 注
1		(20 ± 0.02) mm	5	超差0.01 mm扣1分			
2		(20 ± 0.01) mm	8	超差0.01 mm扣1分			
3		$50^{\ 0}_{-0.05}$ mm	6	超差0.01 mm扣1分			
4		(1 ± 0.1) mm（2处）	10	超差0.01 mm扣1分			
5	锉削	$60°\pm5'$	10	超差2′扣1分			
6		垂直度0.02 mm	10	超差0.02 mm扣1分			
7		平行度0.01 mm	10	超差0.02 mm扣1分			
8		(70 ± 0.1) mm	6	超差0.01 mm扣1分			
9		$Ra1.6$ μm（10处）	20	升高一级不得分			

序号	考核项目	考核项目及要求	配分	评分标准	检测考核结果	得 分	备 注
10	安全文明生产	（1）正确执行国家有关安全技术操作规程 （2）正确执行企业有关文明生产规定	8	（1）造成设备严重损坏及人员重伤以上事故，考核不合格，按0分处理。 （2）其余每违规一次扣4分			
11	设备使用	按国际办法的有关法规及设备使用的有关规定操作设备	4	违规扣4分			
12	工、量具使用	符合各种工具、量具的有关使用规定	3	违规扣3分			
其他	（1）钳工操作考试应严格遵守《钳工安全操作规程》 （2）钳工装配操作考试，除遵循《钳工安全操作规程》外，还应严格遵守《装配钳工安全操作规范》						

（二）实操试题 2—加工内外圆弧

1. 考核要求

（1）试题图样如图 3-1-2 所示。

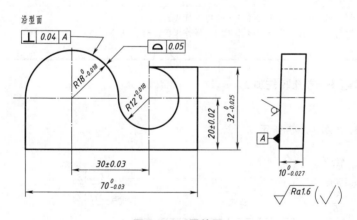

图 3-1-2 零件图

（2）技术要求

①公差等级：锉削 IT7。

②几何公差：面轮廓度 0.05 mm，垂直度 0.04 mm。

2. 考核时间

（1）准备时间 15 min，正式操作时间 240 min。

（2）计时从领取工件开始，至完工交件结束。

（3）规定时间内全部完成，每超时 3 min，从总分中扣 1 分，超时 10 min，停止加工作业。

3. 配分与评分标准表

配分与评分标准表，见表 3-1-2。

表 3-1-2　评分标准

序号	考核项目	考核项目及要求	配分	评分标准	检测考核结果	得　分	备　注
1		$R18^{+0}_{-0.018}$ mm	10	超差 0.01 mm 扣 1 分			
2		$R12^{+0.018}_{-0}$ mm	10	超差 0.01 mm 扣 1 分			
3		(20 ± 0.02) mm	8	超差 0.01 mm 扣 1 分			
4	锉削平面、曲面	$32^{+0}_{-0.025}$ mm	10	超差 0.01 mm 扣 1 分			
5		(30 ± 0.03) mm	8	超差 0.01 mm 扣 1 分			
6		$70^{+0}_{-0.03}$ mm	10	超差 0.01 mm 扣 1 分			
7		⊥ | 0.04 | A	10	超差 0.01 mm 扣 1 分			
8		⌒ | 0.05	10	超差 0.01 mm 扣 1 分			
9		$Ra1.6$ μm	9	升高一级不得分			
10	安全文明生产	（1）正确执行国家有关安全技术操作规程（2）正确执行企业有关文明生产规定	8	（1）造成设备严重损坏及人员重伤以上事故，考核不合格，按 0 分处理。（2）其余每违规一次扣 4 分			
11	设备使用	按国际办法的有关法规及设备使用的有关规定操作设备	4	违规扣 4 分			
12	工、量具使用	符合各种工具、量具的有关使用规定	3	违规扣 3 分			
其他	（1）钳工操作考试应严格遵守《钳工安全操作规程》。（2）钳工装配操作考试，除遵循《钳工安全操作规程》外，还应严格遵守《装配钳工安全操作规范》						

（三）实操试题 3—方孔圆柱加工

1. 考核要求

（1）试题图样如图 3-1-3 所示。

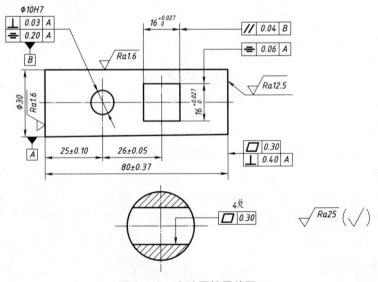

图 3-1-3　方孔圆柱零件图

（2）技术要求

①公差等级：锉削 IT8、铰孔 IT7、锯削 IT14。

②形位公差：锉削平行度、垂直度 0.04 mm，平面度 0.03 mm，对称度 0.06 mm；铰孔垂直度 0.03 mm，对称度 0.20 mm；锯削平面度 0.30 mm，垂直度 0.40 mm。

③表面粗糙度：锉削 $Ra1.6$ μm，铰孔 $Ra1.6$ μm，锯削 $Ra25$ μm。

④方孔可用自制的方规（$16^{+0.03}_{0}$ mm × $16^{+0.03}_{0}$ mm）自测，相邻面垂直度误差≤0.04 mm。

⑤锯削面一次完成，不得反接、修锯。

2. 考核时间

（1）准备时间 15 min，正式操作时间 240 min。

（2）计时从领取工件开始，至完工交件结束。

（3）规定时间内全部完成，每超时 3 min，从总分中扣 1 分，超时 10 min，停止加工作业。

3. 配分与评分标准表

配分与评分标准表，见表3-1-3。

表 3-1-3 评分标准

序号	考核项目	考核项目及要求	配分	评分标准	检测考核结果	得 分	备 注
1	锉削	（26±0.05）mm	9	超差 0.01 mm 扣 1 分			
2		$16^{+0.027}_{0}$ mm（2 处）	16	超差 0.01 mm 扣 1 分			
3		$Ra1.6$ μm（4 处）	6	升高一级不得分			
4		// | 0.04 | B	8	超差 0.01 mm 扣 1 分			
5		= | 0.06 | A	10	超差 0.01 mm 扣 1 分			
6		相邻面的垂直度误差≤0.04 mm	6	超差 0.01 mm 扣 1 分			
7	钻孔铰削	$\phi10H7$	4	超差 0.01 mm 扣 1 分			
8		$Ra1.6$ μm	4	升高一级不得分			
9		（25±0.10）mm	4	超差 0.01 mm 扣 1 分			
10		⊥ | 0.03 | A	2	超差 0.01 mm 扣 1 分			
11		= | 0.20 | A	6	超差 0.01 mm 扣 1 分			
12	锯削	（80±0.37）mm	6	超差 0.01 mm 扣 1 分			
13		$Ra25$ μm	3	升高一级不得分			
14		▱ | 0.30	3	超差 0.01 mm 扣 1 分			
15		⊥ | 0.40 | A	3	超差 0.01 mm 扣 1 分			
16	安全文明生产	（1）正确执行国家有关安全技术操作规程。（2）正确执行企业有关文明生产规定	4	（1）造成设备严重损坏及人员重伤以上事故，考核不合格，按 0 分处理。（2）其余违规酌情扣 4 分			

钳工技术教学工作页

续表

序号	考核项目	考核项目及要求	配分	评分标准	检测考核结果	得 分	备 注
17	设备使用	按国际办法的有关法规及设备使用的有关规定操作设备	3	违规扣3分			
18	工、量具使用	符合各种工具、量具的有关使用规定	3	违规扣3分			
其他	（1）钳工操作考试应严格遵守《钳工安全操作规程》。 （2）钳工装配操作考试，除遵循《钳工安全操作规程》外，还应严格遵守《装配钳工安全操作规范》						

（四）实操试题4—拼块对配件

1. 考核要求

（1）试题图样如图3-1-4所示。

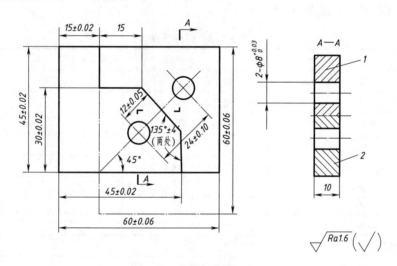

图 3-1-4　拼块对配件装配图

（2）技术要求

①公差等级：锉削 IT8。

②以左件2为基准件，右件1配作。图3-1-4所示位置右件1原位并翻转检测两次，左件2翻转移至双点画线处检测一次，配合间隙均≤0.04 mm。

2. 考核时间

（1）准备时间 15 min，正式操作时间 240 min。

（2）计时从领取工件开始，至完工交件结束。

（3）规定时间内全部完成，每超时 3 min，从总分中扣 1 分，超时 10 min，停止加工作业。

3. 配分与评分标准表

配分与评分标准表，见表3-1-4。

表 3-1-4　评分标准

序号	考核项目	考核项目及要求	配分	评分标准	检测考核结果	得　分	备　注
1	锉削	(15±0.02) mm	6	超差 0.01 mm 扣 1 分			
2		(30±0.02) mm	6	超差 0.01 mm 扣 1 分			
3		(45±0.02) mm（2 处）	12	超差 0.01 mm 扣 1 分			
4		135°±4′（2 处）	10	超差 2′扣 1 分			
5		$Ra3.2$ μm（14 处）	7	升高一级不得分			
6	钻孔铰削	$2×\phi8^{+0.03}_{0}$ mm	4	超差 0.01 mm 扣 1 分			
7		(12±0.05) mm	5	超差 0.01 mm 扣 1 分			
8		$Ra1.6$ μm（2 处）	4	升高一级不得分			
9	配合	间隙≤0.04 mm（4 处）	16	超差 0.02 mm 扣 1 分			
10		(60±0.06) mm（2 处）	8	超差 0.02 mm 扣 1 分			
11		(24±0.10) mm	4	超差 0.02 mm 扣 1 分			
12		孔距一致性 0.08 mm	3	超差 0.01 mm 扣 1 分			
13	安全文明生产	（1）正确执行国家有关安全技术操作规程（2）正确执行企业有关文明生产规定	8	（1）造成设备严重损坏及人员重伤以上事故，考核不合格，按 0 分处理（2）其余每违规一次扣 4 分			
14	设备使用	按国际办法的有关法规及设备使用的有关规定	4	违规扣 4 分			
15	工、量具使用	符合各种工具、量具的有关使用规定	3	违规扣 3 分			
其他	（1）钳工操作考试应严格遵守《钳工安全操作规程》（2）钳工装配操作考试，除遵循《钳工安全操作规程》外，还应严格遵守《装配钳工安全操作规范》						

（五）实操试题 5—阶梯镶配件

1. 考核要求

（1）试题图样，如图 3-1-5 所示。

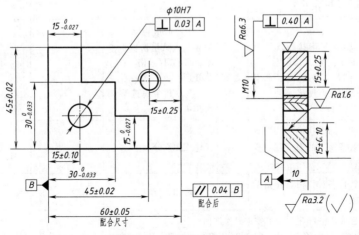

图 3-1-5　阶梯镶配件装配图

（2）技术要求。

①以左件为基准，右件配作，配合互换间隙≤0.05 mm，配合后错位量≤0.05 mm。

②内角处不得开槽、钻孔。

2. 考核时间

（1）准备时间15 min，正式操作时间240 min。

（2）计时从领取工件开始，至完工交件结束。

（3）规定时间内全部完成，每超时3 min，从总分中扣1分，超时10 min，停止加工作业。

3. 配分与评分标准表

配分与评分标准表，见表3-1-5。

表3-1-5　评分标准

序号	考核项目	考核项目及要求	配分	评分标准	检测考核结果	得　分	备　注
1	锉削	$15_{-0.027}^{0}$ mm（2处）	8	超差0.01 mm扣1分			
2		$30_{-0.033}^{0}$ mm（2处）	8	超差0.01 mm扣1分			
3		（45±0.02）mm（2处）	8	超差0.01 mm扣1分			
4		$Ra3.2$ μm（16处）	8	升高一级不得分			
5	钻孔铰削	$\phi10H7$	2	超差0.01 mm扣1分			
6		（15±0.010）mm（2处）	6	超差0.01 mm扣1分			
7		⊥ 0.03 A	3	超差0.01 mm扣1分			
8		$Ra1.6$ μm	1	升高一级不得分			
9	攻螺纹	M10	2	超差0.01 mm扣1分			
10		（15±0.25）mm（2处）	4	超差0.01 mm扣1分			
11		⊥ 0.40 A	2	超差0.01 mm扣1分			
12		$Ra6.3$ μm	1	升高一级不得分			
13	配合	（60±0.05）mm	4	超差0.02 mm扣1分			
14		间隙≤0.05 mm（5处）	20	超差0.02 mm扣1分			
15		错位量≤0.05 mm	4	超差0.02 mm扣1分			
16		∥ 0.04 B	4	超差0.02 mm扣1分			
17	安全文明生产	（1）正确执行国家有关安全技术操作规程；（2）正确执行企业有关文明生产规定	8	（1）造成设备严重损坏及人员重伤以上事故，考核不合格，按0分处理；（2）其余每违规一次扣4分			
18	设备使用	按国际办法的有关法规及设备使用的有关规定操作设备	4	违规扣4分			
19	工、量具使用	符合各种工具、量具的有关使用规定	3	违规扣3分			
其他	钳工操作考试应严格遵守《钳工安全操作规程》；钳工装配操作考试，除遵循《钳工安全操作规程》外，还应严格遵守《装配钳工安全操作规范》						

（六） 实操试题 6—梯形样板

1. 考核要求

（1）试题图样，如图 3-1-6 所示。

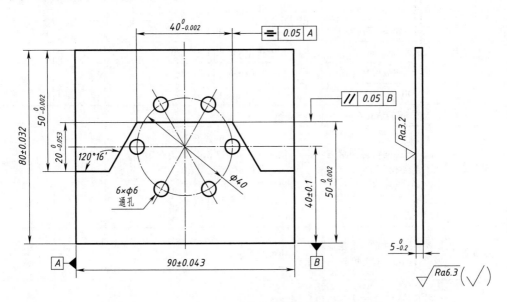

图 3-1-6 梯形样板装配图

（2）技术要求

①对板与验板吻合时，其最大间隙单边不大于 0.03 mm，且不允许倒角。

②6 × φ6 位置度误差不超 ± 0.2 mm。

③凸件，凹件的配合间隙及各加工尺寸均为考核项目。

2. 考核时间

（1）准备时间 15 min，正式操作时间 240 min。

（2）计时从领取工件开始，至完工交件结束。

（3）规定时间内全部完成，每超时 3 min，从总分中扣 1 分，超时 10 min，停止加工作业。

3. 配分与评分标准表

配分与评分标准表，见表 3-1-6。

表 3-1-6 评分标准

序号	项 目	考核项目	配分	评分标准	检测记录	得 分	备 注
1	主要项目	技术要求 1	25	超差 0.02 mm 扣 1 分			
2		技术要求 2	12	超差 0.02 mm 扣 1 分			
3		角度 120° ±6′	10	超差 2′ 扣 1 分			
4		⟂ 0.05 A	5	超差 0.02 mm 扣 1 分			
5		∥ 0.05 B	5	超差 0.02 mm 扣 1 分			

序号	项　目	考核项目	配分	评分标准	检测记录	得　分	备　注
6	一般项目	尺寸 $20_{-0.052}^{0}$ mm	4	超差 0.01 mm 扣 1 分			
7		尺寸（90±0.043）mm	4	超差 0.01 mm 扣 1 分			
8		尺寸（80±0.037）mm	4	超差 0.01 mm 扣 1 分			
9		尺寸 $50_{-0.062}^{0}$ mm	5	超差 0.01 mm 扣 1 分			
10		尺寸（40±0.1）mm	3	超差 0.01 mm 扣 1 分			
11		尺寸 $40_{-0.052}^{0}$ mm	3	超差 0.01 mm 扣 1 分			
12		表面粗糙度 $Ra1.6$ μm	5	升高一级不得分			
13	安全文明生产	（1）正确执行国家有关安全技术操作规程（2）正确执行企业有关文明生产规定	8	（1）造成设备严重损坏及人员重伤以上事故，考核不合格，按 0 分处理（2）其余每违规一次扣 4 分			
14	设备使用	按国际办法的有关法规及设备使用的有关规定	4	违规扣 4 分			
15	工、量具使用	符合各种工具、量具的有关使用规定	3	违规扣 3 分			
其他	钳工操作考试应严格遵守《钳工安全操作规程》；钳工装配操作考试，除遵循《钳工安全操作规程》外，还应严格遵守《装配钳工安全操作规范》						

（七）实操试题 7—燕尾弧样板副

1. 考核要求

（1）试题图样，如图 3-1-7 所示。

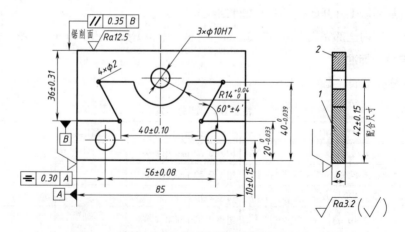

图 3-1-7　燕尾弧样板副装配图

（2）技术要求

①以件 1 为基准，件 2 配作，配合互换间隙：平面部分≤0.04 mm，曲面部分≤0.05 mm，两外侧错位量≤0.06 mm。

②件 2 上 $\phi10H7$ 孔对件 1 上两孔距在换位前后的变化量≤0.30 mm。

2. 考核时间

（1）准备时间 15 min，正式操作时间 270 min。

（2）计时从领取工件开始，至完工交件结束。

（3）规定时间内全部完成，每超时 3 min，从总分中扣 1 分，超时 10 min，停止加工作业。

3. 配分与评分标准表

配分与评分标准表见表 3-1-7。

表 3-1-7　评分标准

序号	考核项目	考核项目及要求	配分	评分标准	检测考核结果	得 分	备 注
1	锉配	$20_{-0.033}^{0}$ mm（2 处）	4	超差 0.01 mm 扣 1 分			
2		$40_{-0.039}^{0}$ mm（2 处）	4	超差 0.01 mm 扣 1 分			
3		（40±0.10）mm	4	超差 0.01 mm 扣 1 分			
4		$R14_{0}^{+0.04}$	6	超差 0.01 mm 扣 1 分			
5		60°±4′（2 处）	5	超差 2′扣 1 分			
6		$Ra3.2$ μm（15 处）	9	升高一级不得分			
7		平面间隙≤0.4 mm（6 处）	18	超差 0.02 mm 扣 1 分			
8		曲面间隙≤0.05 mm	4	超差 0.02 mm 扣 1 分			
9		两侧错位量≤0.06 mm	4	超差 0.02 mm 扣 1 分			
10		（42±0.15）mm	3	超差 0.01 mm 扣 1 分			
11	钻孔铰削	$3×\phi10H7$	3	超差 0.01 mm 扣 1 分			
12		（10±0.15）mm（2 处）	2	超差 0.01 mm 扣 1 分			
13		（56±0.08）mm	3	超差 0.02 mm 扣 1 分			
14		$Ra1.6$ μm	3	升高一级不得分			
15		⫿ 0.30 A	3	超差 0.05 mm 扣 1 分			
16	锯削	（36±0.31）mm	5	超差 0.01 mm 扣 1 分			
17		// 0.35 B	3	超差 0.01 mm 扣 1 分			
18		$Ra12.5$ μm	2	升高一级不得分			
19	安全文明生产	（1）正确执行国家有关安全技术操作规程（2）正确执行企业有关文明生产规定	8	（1）造成设备严重损坏及人员重伤以上事故，考核不合格，按 0 分处理（2）其余每违规一次扣 4 分			

续表

序号	考核项目	考核项目及要求	配分	评分标准	检测考核结果	得　分	备　注
20	设备使用	按国际办法的有关法规及设备使用的有关规定操作设备	4	违规扣 4 分			
21	工、量具使用	符合各种工具、量具的有关使用规定	3	违规扣 3 分			
其他	（1）钳工操作考试应严格遵守《钳工安全操作规程》； （2）钳工装配操作考试，除遵循《钳工安全操作规程》外，还应严格遵守《装配钳工安全操作规范》						

（八）实操试题 8—方孔套镶配件

1. 考核要求

（1）试题图样，如图 3-1-8 所示。

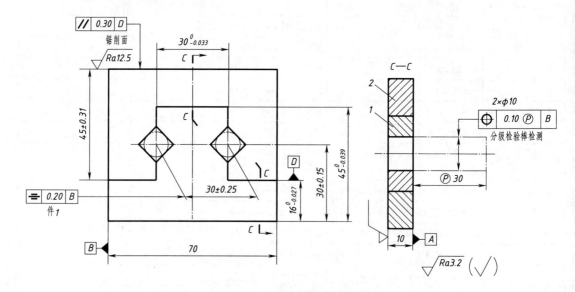

图 3-1-8　方孔套镶配件装配图

（2）技术要求。

①公差等级：锉削 IT8、锯削 IT14。

②以件 1 为基准，件 2 配作，配合互换间隙≤0.05 mm，两外侧配合后错位量≤0.06 mm。

2. 考核时间

①准备时间 15 min，正式操作时间 270 min。

②计时从领取工件开始，至完工交件结束。

③规定时间内全部完成，每超时 3 min，从总分中扣 1 分，超时 10 min，停止加工作业。

3. 配分与评分标准表

配分与评分标准表，如表 3-1-8 所示。

表 3-1-8 评分标准

序号	考核项目	考核项目及要求	配分	评分标准	检测考核结果	得 分	备 注
1	锉削	$16_{-0.027}^{0}$ mm	5	超差 0.01 mm 扣 1 分			
2		$30_{-0.033}^{0}$ mm	5	超差 0.01 mm 扣 1 分			
3		（30±0.25）mm	5	超差 0.01 mm 扣 1 分			
4		$45_{-0.039}^{0}$ mm	5	超差 0.01 mm 扣 1 分			
5			6	超差 0.01 mm 扣 1 分			
6		$Ra3.2$ μm（18 处）	9	升高一级不得分			
7	锯削	（45±0.31）mm	5	超差 0.01 mm 扣 1 分			
8		≡ 0.20 B	5	超差 0.01 mm 扣 1 分			
9		$Ra12.5$ μm	2	升高一级不得分			
10	配合	（30±0.15）mm	5	超差 0.02 mm 扣 1 分			
11		间隙≤0.05 mm（5 处）	25	超差 0.02 mm 扣 1 分			
12		错位量≤0.06 mm	4	超差 0.02 mm 扣 1 分			
13		// 0.30 D	4	超差 0.02 mm 扣 1 分			
14	安全文明生产	（1）正确执行国家有关安全技术操作规程； （2）正确执行企业有关文明生产规定	8	（1）造成设备严重损坏及人员重伤以上事故，考核不合格，按 0 分处理 （2）其余每违规一次扣 4 分			
15	设备使用	按国际办法的有关法规及设备使用的有关规定操作	4	违规扣 4 分			
16	工、量具使用	符合各种工具、量具的有关使用规定	3	违规扣 3 分			
其他	钳工操作考试应严格遵守《钳工安全操作规程》； 钳工装配操作考试，除遵循《钳工安全操作规程》外，还应严格遵守《装配钳工安全操作规范》						

（九）实操试题 9—燕尾圆弧对配

1. 考核要求

（1）试题图样，如图 3-1-9 所示。

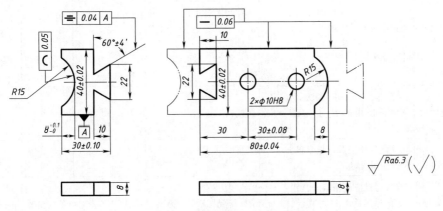

图 3-1-9 燕尾圆弧对配零件图

（2）技术要求

①燕尾配合（翻转180°配合）间隙 0.04 mm。

②圆弧配合（翻转180°配合）间隙 0.04 mm。

③锐边倒圆 R0.3 mm。

2. 考核时间

（1）准备时间 15 min，正式操作时间 270 min。

（2）计时从领取工件开始，至完工交件结束。

（3）规定时间内全部完成，每超时 3 min，从总分中扣 1 分，超时 10 min，停止加工作业。

3. 配分与评分标准表

配分与评分标准表，见表3-1-9。

表 3-1-9　评分标准

序号	考核项目	考核项目及要求	配分	评分标准	检测考核结果	得分	备注
1	锉削	(40±0.02) mm（2处）	6	超差 0.01 mm 扣 1 分			
2		(30±0.1) mm	4	超差 0.01 mm 扣 1 分			
3		(80±0.04) mm	5	超差 0.01 mm 扣 1 分			
4		60°±4′（2处）	10	超差 2′扣 1 分			
5		— 0.06	6	超差 0.01 mm 扣 1 分			
6		⌒ 0.05	6	超差 0.01 mm 扣 1 分			
7		= 0.04 A	6	超差 0.01 mm 扣 1 分			
8		$8^{+0.1}_{0}$ mm	2	超差 0.01 mm 扣 1 分			
9		Ra1.6 μm（12处）	8	升高一级不得分			
10		60°角 Ra1.6 μm	4	升高一级不得分			
11	钻孔铰削	2×φ10H8	6	超差 0.01 mm 扣 1 分			
12		(30±0.08) mm	4	超差 0.01 mm 扣 1 分			
13	配合	燕尾配合间隙≤0.04 mm	10	超差 0.02 mm 扣 1 分			
14		圆弧配合间隙≤0.04 mm	8	超差 0.02 mm 扣 1 分			
15	安全文明生产	（1）正确执行国家有关安全技术操作规程 （2）正确执行企业有关文明生产规定	8	（1）造成设备严重损坏及人员重伤以上事故，考核不合格，按 0 分处理 （2）其余每违规一次扣 4 分			
16	设备使用	按国际办法的有关法规及设备使用的有关规定操作	4	违规扣 4 分			
17	工、量具使用	符合各种工具、量具的有关使用规定	3	违规扣 3 分			
其他	（1）钳工操作考试应严格遵守《钳工安全操作规程》； （2）钳工装配操作考试，除遵循《钳工安全操作规程》外，还应严格遵守《装配钳工安全操作规范》						

（十）实操试题 10—三四五方镶合套

1. 考核要求

（1）试题图样，如图 3-1-10 所示。

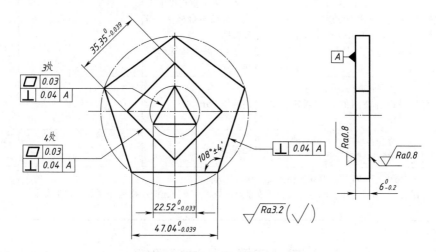

图 3-1-10　三四五方镶合套装配图

（2）技术要求

①公差等级：IT8。

②形位公差：0.04 ~ 0.03 mm。

③表面粗糙度：锉配 $Ra3.2~\mu m$。

④凹三方体和凹四方体按凸件尺寸配作，配合间隙≤0.04 mm（图标尺寸为凸件尺寸）。

2. 考核时间

（1）准备时间 15 min，正式操作时间 270 min。

（2）计时从领取工件开始，至完工交件结束。

（3）规定时间内全部完成，每超时 3 min，从总分中扣 1 分，超时 10 min，停止加工作业。

3. 配分与评分标准表

配分与评分标准表，见表 3-1-10。

表 3-1-10　评分标准

序号	考核项目	考核项目及要求	配分	评分标准	检测考核结果	得　分	备　注
1		$22.52_{-0.033}^{0}$ mm（3 处）	9	超差 0.01 mm 扣 1 分			
2		$35.35_{-0.039}^{0}$ mm（4 处）	6	超差 0.01 mm 扣 1 分			
3		$47_{-0.039}^{+0}$ mm（5 处）	10	超差 0.01 mm 扣 1 分			
4	锉配	$108° \pm 4'$	5	超差 2′扣 1 分			
5		□ 0.30（3 处）	8	超差 0.01 mm 扣 1 分			
6		⊥ 0.04 A（3 处）	12	超差 0.01 mm 扣 1 分			
7		配合间隙≤0.04 mm	30	超差 0.02 mm 扣 1 分			
8		$Ra3.2~\mu m$	10	升高一级不得分			

序号	考核项目	考核项目及要求	配分	评分标准	检测考核结果	得　分	备　注
9	安全文明生产	（1）正确执行国家有关安全技术操作规程； （2）正确执行企业有关文明生产规定	4	（1）造成设备严重损坏及人员重伤以上事故，考核不合格，按0分处理； （2）其余违规酌情扣4分			
10	设备使用	按国际办法的有关法规及设备使用的有关规定操作	3	违规扣3分			
11	工、量具使用	符合各种工具、量具的有关使用规定	3	违规扣3分			
其他	（1）钳工操作考试应严格遵守《钳工安全操作规程》； （2）钳工装配操作考试，除遵循《钳工安全操作规程》外，还应严格遵守《装配钳工安全操作规范》						

二、实操考核试题解析

（一）实操试题1—加工直角尺

1. 考核要点

（1）该零件考核要点主要是平面锉削加工与其检测方法。主要尺寸有 $50_{-0.05}^{0}$ mm、（20±0.02）mm、（20±0.01）mm、（70±0.1）mm、60°±5′。

（2）几何公差：水平面与基准面 A 平行度为 0.01 mm，垂直面与基准面 A 垂直度为 0.02 mm。

（3）正确执行安全文明操作规程，做到正确使用设备及场地清洁，将工件、工具、量具等摆放整齐。

2. 加工工艺步骤

（1）检查毛坯外形尺寸，确定有足够的加工余量。

（2）分别选择两个垂直的基准面作为划线基准，并锉削加工达到平面度、垂直度≤0.02 mm要求。

（3）按图中尺寸划出工件的外形加工界线、 $\phi2$ mm 中心线，并打出样冲眼。

（4）钻削 $\phi2$ mm 工艺孔。

（5）锯削去除余料，留 0.5 mm 锉削余量。

（6）锉削（20±0.02）mm，保证平行度 0.01 mm，保证垂直度 0.02 mm，及粗糙度 Ra1.6 μm。

（7）锉削（20±0.01）mm，保证平行度 0.01 mm，保证垂直度 0.02 mm，及粗糙度 Ra1.6 μm。

（8）划线 60°±5′，（1±0.1）mm，打样冲眼。

（9）锉削，保证尺寸 60°±5′，（1±0.1）mm 及粗糙度 Ra1.6 μm。

（10）全面检查各加工面，去毛刺并清洁工件，自检合格后可交检。

3. 注意事项

（1）检验中要保持毛坯和量具的清洁，以免影响检验结果。

（2）锉削加工除保证尺寸外，主要保证平行度、垂直度等几何精度。

（3）由于 $\phi 2$ mm 工艺孔直径过小，在钻孔时要提高钻床的转速，以保证钻头的工作刚度。

（4）零件各平面加工完后，要对各锐边进行倒角、去毛刺，以免影响尺寸的检测或配合间隙。

（二）实操试题 2——加工内外圆弧

1. 考核要点

（1）该零件考核要点主要是曲面锉削加工与其检测方法。主要尺寸有 $R16_{-0.018}^{0}$ mm 外圆弧、$R12_{0}^{+0.018}$ mm 内圆弧及平面尺寸 $70_{-0.03}^{0}$ mm、$32_{-0.025}^{0}$ mm。

（2）较难测量保证的尺寸有（20 ± 0.02）mm 和（30 ± 0.03）mm，测量时均要采用间接测量法，要事先准备好相关测量用具或检验心棒。

（3）几何公差：外圆弧沿型面处与大平面的垂直度为 0.04 mm，面轮廓度为 0.05 mm。

（4）正确执行安全文明操作规程，做到正确使用设备及场地清洁，工件、工具、量具等摆放整齐。

2. 加工工艺步骤

（1）检查毛坯外形尺寸，确定有足够的加工余量。

（2）选择划线基准，并锉削加工达平面度、垂直度小于或等于 0.01 mm 要求。

（3）按图中尺寸划出零件外形加工界线及圆弧中心线，并打出样冲眼。

（4）在 $R32_{0}^{+0.018}$ mm 内圆弧线上钻排孔，去除多余材料并粗加工内圆弧。

（5）分别粗、精加工 $70_{-0.03}^{0}$ mm 和 $32_{-0.025}^{0}$ mm 达到要求。

（6）粗、精加工 $R18_{-0.018}^{0}$ mm 外圆弧达各项精度要求。

（7）精加工 $R12_{0}^{+0.018}$ mm 内圆弧达各项精度要求。

（8）全面检查各加工面，去毛刺、倒角并清洁工件。

3. 注意事项

（1）清除内圆弧多余材料后，有可能会引起材料的应力变形，使工件外围基准边发生变化，因此应该在内圆弧粗加工后重新修整外围基准边。

（2）内圆弧与上平面交接处尖角比较锐利，加工时注意不要刮伤，必要时可以包上一层棉布。

（3）精加工时要注意使内外圆弧的锉削纹理方向一致，建议采用顺向锉纹理，这样表面质量会好一些。

（三）实操试题 3——方孔圆柱加工

1. 考核要点

（1）主要保证的锉削加工尺寸有 $16_{0}^{+0.027}$ mm（2 处）、（26 ± 0.05）mm，公差等级 IT8、铰孔 IT7。

（2）锯削加工尺寸有（80 ± 0.037）mm，锯削 IT14，要能够保证表面粗糙度 $Ra25$ μm 的要求。

（3）几何精度：锉削平行度、垂直度 0.04 mm，平面度 0.03 mm，对称度 0.06 mm；铰孔垂直度 0.03 mm，对称度 0.20 mm；锯削平面度 0.30 mm，垂直度 0.40 mm。

（4）表面粗糙度：锉削 $Ra1.6$ μm，铰孔 $Ra1.6$ μm，锯削 $Ra25$ μm。

（5）正确执行安全文明操作规程，做到正确使用设备及场地清洁，工件、工具、量具等摆放整齐。

2. 加工工艺步骤

（1）检查毛坯外形尺寸，确定有足够的加工余量。

（2）确定加工基准：在全面分析图样的基础上，确定毛坯端面与 φ30 mm 的中心线为加工基准。

（3）划线：分别以毛坯端面、φ15 mm 孔的中心线为基准，用高度尺、V 形架、平板在工件上划 φ10 mm 孔的中心线及圆周线或方框线。

（4）钻 φ9.8 mm 孔，铰 φ10H7 孔至图样要求：φ10H7（25 ±0.05）mm，垂直度不大于 0.03 mm，对称度不大于 0.02 mm，表面粗糙度 $Ra1.6$ μm。

（5）去除部分毛刺

（6）划 $16^{+0.03}_{0}$ mm × $16^{+0.03}_{0}$ mm 方孔加工线：分别以毛坯端面、φ15 mm 孔及 φ30 mm 圆柱中心线为基准，用高度尺、V 形架、平板在工件上划 $16^{+0.03}_{0}$ mm × $16^{+0.03}_{0}$ mm 的方框线。

（7）锉削 $16^{+0.03}_{0}$ mm × $16^{+0.03}_{0}$ mm 方孔：交替粗锉、细锉方孔四面；精锉方孔的两侧面至图样要求。

（8）去除部分毛刺

（9）以毛坯端面为基准，用高度尺、V 形架、平板在工件上划 80 mm 尺寸线。

（10）锯削至图样要求

（11）全面检查各加工面，去毛刺、倒角并清洁工件。

3. 注意事项

（1）钻 φ9.8 mm 孔时，应以毛坯上 φ15 mm 孔的中心线为基准找正，为了保证 φ10H7 孔对 φ30 mm 圆柱中心线的对称度，钻 φ9.8 mm 孔时还应用 V 形架夹持找正。

（2）零件各平面加工完成后，要对各锐边进行倒角、去毛刺，以免影响尺寸的检测或配合间隙。

（四）实操试题 4—拼块对配件

1. 考核要点

（1）加工该配合件主要是考核学生斜面配合的锉削加工水平及互换性修配能力。

（2）应保证的锉削加工尺寸有（15 ±0.02）mm、（30 ±0.02）mm、（45 ±0.02）mm 尺寸，135° ±4′ 斜边及配合间隙 ≤0.04 mm，配合尺寸（60 ±0.06）mm。

（3）正确执行安全文明操作规程，做到正确使用设备及场地清洁，工件、工具、量具等摆放整齐。

2. 加工工艺步骤

（1）检查毛坯外形尺寸，确定有足够的加工余量。

（2）分别选择两毛坯的直角作为划线基准，并锉削加工达到平面度、垂直度≤0.01 mm 的要求。

（3）按图中尺寸划出两工件的外形加工界线。

（4）分别加工件1、件2的外形尺寸达（45±0.02）mm×（45±0.02）mm 要求。

（5）先加工件2，锯除件2右上角的大部分多余材料，并粗加工各面至余量约0.1 mm。

（6）分别精加工件2的（15±0.02）mm 及（30±0.02）mm 尺寸。

（7）精加工件2的斜面并达到两处135°±4′角度要求。

（8）加工件1，采用钻排孔或锯割方法去除件1左下角大部分多余材料，并粗加工各面至余量约0.1 mm。

（9）精加工件1两处15 mm 尺寸的平面，并以件2为基准配作，以达配合尺寸（60±0.06）mm 要求。

（10）精加工件1斜面并以件2为基准配作以达配合间隙等要求。

（11）配合状态下划两孔中心线并打样冲眼。

（12）分别在件1、件2上钻孔、倒角并铰孔达要求。

（13）全面检查各处尺寸，去毛刺、倒角并清洁工件。

3. 注意事项

（1）加工时要注意件1与件2的配合互换性，在选择确定大平面基准后要在基准面上做有颜色的标记，以防在修配互换时弄乱位置。

（2）在加工件1、件2的135°±4′斜边时，为保证斜边的位置尺寸，粗加工时可以用游标卡尺检测，但精加工时采用正弦规结合量块进行测量可达更高的精度。

（3）零件各平面加工完成后，要对各锐边进行倒角、去毛刺，以免影响尺寸的检测或配合间隙。

（五）实操试题5—阶梯镶配件

1. 考核要点

（1）主要保证的锉削加工尺寸有$20_{-0.052}^{0}$ mm、$20_{-0.052}^{0}$ mm 及（45±0.02）mm 尺寸各两处，锉削配合间隙≤0.05 mm，错位量≤0.05 mm，公差等级 IT8。

（2）几何公差：铰孔垂直度0.03 mm，攻螺纹垂直度0.40 mm，配合后的平行度0.04 mm。

（3）正确执行安全文明操作规程，做到正确使用设备及场地清洁，工件、工具、量具等摆放整齐。

2. 加工工艺步骤

（1）检查毛坯外形尺寸，确定有足够的加工余量。

（2）选择划线基准，并锉削加工达平面度、垂直度≤0.02 mm 要求。

（3）按图中尺寸划出两工件的外形加工界线。

（4）加工左、右两工件的外形尺寸达（45±0.02）mm×（45±0.02）mm 要求。

（5）先加工左件，锯除左件右上角的材料，并粗加工各面至余量约0.1 mm。

（6）分别精加工$20_{-0.052}^{0}$ mm 和$20_{-0.052}^{0}$ mm 尺寸。

（7）加工右件，锯除右件左下角多余材料，并粗加工各面至余量约0.1 mm。

（8）精加工两处 15 mm 及两处 30 mm 尺寸的同时以左件为基准修配，达配合尺寸（60±

0.05）mm 及平行度 0.04 mm 要求。

（9）划两孔中心线并打样冲眼。

（10）在左件上钻绞 ϕ10H7 光孔，在右件上钻攻 M10 螺纹孔。

（11）全面检查各处尺寸，去毛刺、倒角并清洁工件。

3. 注意事项

（1）从零件图中可以看出，本阶梯镶配件的左右两组合件外形很相似，加工时应以铰孔的左件为基准件（配分尺寸大部分在此件上）先进行加工，并做好标记，以免混淆。

（2）此零件的配合面以短小面为主，目的是考核考生的横向锉削水平，加工时应注意锉削力度的控制，否则容易锉削塌角，使尺寸超差。

（3）修配时应将零件的内 90°角两边小平面交会处的材料清除干净，否则会影响配合间隙，必要时可将扁锉刀一侧面磨出小于 90°的角进行锉削加工。

（六）实操试题 6—梯形样板

1. 考核要点

（1）主要保证的锉削加工尺寸有 120°±6′、20$_{-0.052}^{0}$ mm、（90±0.043）mm、（80±0.037）mm、50$_{-0.062}^{0}$ mm、（40±0.1）mm、40$_{-0.052}^{0}$ mm。

（2）锉配最大间隙单边不大于 0.03 mm，6×ϕ6 位置度误差不超 ±0.2 mm，公差等级 IT8。

（3）几何精度：对称度 0.05 mm（相对于基面 A）、平行度 0.05 mm（相对于基面 B）。

（4）表面粗糙度 Ra1.6 μm。

（5）正确执行安全文明操作规程，做到正确使用设备及场地清洁，将工件、工具、量具等摆放整齐。

2. 加工工艺步骤

（1）检查毛坯外形尺寸，确定有足够的加工余量。

（2）选择划线基准，并锉削加工达到平面度、垂直度≤0.02 mm 要求。

（3）按图中尺寸划出凸、凹工件的外形加工界线。

（4）加工凸、凹两工件的外形尺寸达（90±0.043）mm×50$_{-0.062}^{0}$ mm 要求。

（5）先加工凸件，锯除凸件右上角的材料，粗锉加工各面至余量约 0.1 mm。精锉平面与斜面，保证角度 120°±6′要求。

（6）锯除凸件左上角的材料，并粗锉加工各面至余量约 0.1 mm。精锉平面与斜面，保证角度 120°±6′、尺寸20$_{-0.052}^{0}$ mm、40$_{-0.052}^{0}$ mm 及对称度要求。

（7）加工凹件，钻排孔去除余料，并粗加工各面至余量约 0.1 mm。

（8）精加工平面尺寸40$_{-0.052}^{0}$ mm，同时以凸件为基准修配，以互换和错位量要求修配两斜面，达到技术要求。

（9）按对称形体划线方法划六孔中心线并打样冲眼。

（10）在凸件上钻 4 个 ϕ6 通孔，在凹件上钻 2 个 ϕ6 通孔。

（11）全面检查各处尺寸，去毛刺、倒角并清洁工件。

3. 注意事项

（1）120°斜面修配是关键，直接影响到配合间隙。

（2）注意钝角的清角。

（3）修配时要注意综合分析，避免盲目修锉。

（七）实操试题7—燕尾弧样板副

1. 考核要点

（1）此零件主要是考核斜边的锉削配合及内、外圆弧的锉削配合加工，其中零件的检测也是难点。

（2）加工时以件1为基准件配作件2，为保证件1两60°燕尾斜边的对称度，应该先加工好一个角之后再锯除另一个角的多余材料，并且在测量时采用检验心棒进行间接测量或采用正弦规结合量块进行测量。

（3）件1内圆弧的加工也要保证其对称度，可以采用ϕ28 mm的检验棒对内圆弧进行对研显点修整圆弧度，并检测其对称度。

（4）主要保证的锉削尺寸及角度有 $40_{-0.039}^{0}$ mm、$20_{-0.033}^{0}$ mm、（40±0.10）mm、60°±4′及平面间隙≤0.04 mm，曲面间隙≤0.05 mm，两侧错位量≤0.06 mm。

（5）正确执行安全文明操作规程，做到正确使用设备及场地清洁，工件、工具、量具等摆放整齐。

2. 加工工艺步骤

（1）检查毛坯外形尺寸，确定有足够的加工余量，然后选择两组直角分别作为件1和件2的划线基准。

（2）按图样要求划出件1、件2的外形加工线，宽度方向的线以85的尺寸中心为基准划。

（3）锯割开料，将毛坯一分为二，并保证件2锯削面上的各项精度。

（4）先加工件1，锯割去除件1一侧（与直角基准相对）燕尾的大部分余量，并粗锉加工内角两表面。

（5）粗、精加工件1燕尾顶部平面，保证外形尺寸 $40_{-0.039}^{0}$ mm。

（6）精加工燕尾的台阶面，达到 $20_{-0.033}^{0}$ mm 的尺寸要求。

（7）精加工燕尾的斜面，用ϕ10 mm的检验棒测量尺寸，测量尺寸如图3-2-1所示，用万能角度尺测量角度，同时要保证燕尾斜面与大面的垂直度。

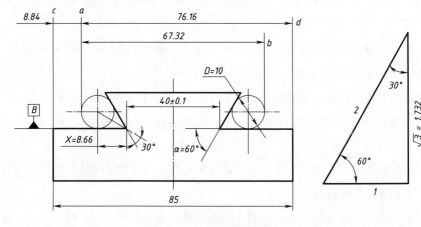

图 3-2-1　检验棒测量尺寸

(8) 锯割去除件 1 另一侧燕尾的大部分余量，粗锉加工两表面。

(9) 按上述方法依次精加工燕尾的台阶面和斜面，保证与先加工的另一台阶尺寸尽量一致。

(10) 采用钻排孔或锯削的方法去除件 1 内圆弧大部分材料。

(11) 精加工燕尾顶部的内圆弧面，圆弧用 R 规测量（或者用 Φ28 mm 的圆棒研点检测），并注意保证其与燕尾的对称度，也可以借助 Φ28 mm 的圆棒打表检测。

(12) 加工件 2，在件 2 燕尾底部钻排孔，然后从两侧起锯去除大余量，并粗加工各平面、曲面。

(13) 检查件 2 基准面，如有变形则修整恢复。

(14) 依次精加工燕尾两底面和两斜面，具体尺寸视件 1 配作保证对称度、配合间隙及错位量的精度要求。

(15) 精加工燕尾底部的外圆弧，用 R 规测量，并与件 1 配作保证对称度、配合间隙及错位量的精度要求。

(16) 两件配作好后，，在配合状态下完成 3 × φ10H7 划线，并打样冲眼。

(17) 一次弯沉钻孔、倒角、铰孔工作。

(18) 全面检查各处尺寸，去毛刺、倒角并清洁工件。

3. 注意事项

(1) 由于件 2 上的 φ10H7 与件 1 上两孔的距离要求是配合尺寸，所以三个 Φ10H7 孔的加工位置线应该在修配完毕后才划出。

(2) 件 2 在去除内孔多余材料后，会引起材料的应力变形，使工件外围基准边发生变化（基准垂直度会变差），因此在件 2 燕尾内孔粗加工后必须重新修整外围基准边。

(3) 由于 4 × φ2 mm 工艺孔直径过小，在钻孔时要提高钻床的转速，以保证钻头的工作刚度。

(4) 件 2 燕尾内孔斜边及凸圆弧的测量较为困难，为保证加工精度，除了可以件 1 为基准修配外，也可以事先做好一副测量样板来检测。

（八）实操试题 8—方孔套镶配件

1. 考核要点

(1) 主要保证的锉削加工尺寸有 $16_{-0.027}^{0}$ mm、$30_{-0.033}^{0}$ mm、(30 ± 0.25) mm 及 $45_{-0.039}^{0}$ mm，锉削配合间隙 ≤0.05 mm，错位量 ≤0.06 mm，公差等级 IT8。

(2) 锯削加工：要能够保证锯削面（45 ± 0.31）mm 尺寸及表面粗糙度 Ra12.5 μm 的要求。

(3) 几何公差：件 1 锉削对称度 0.02 mm，锉削配合后的位置度 0.10 mm，锉削平面度 0.30 mm。

(4) 为保证配合质量，件 2 的加工尺寸应以件 1 的实际尺寸为基准进行修订，这就需要在加工过程中运用尺寸链计算的知识。

(5) 正确执行安全文明操作规程，做到正确使用设备及场地清洁，工件、工具、量具等摆放整齐。

2. 加工工艺步骤

（1）检查毛坯外形尺寸，确定有足够的加工余量。

（2）选择划线基准，并锉削加工达平面度、垂直度小于或等于 0.01 mm 要求。

（3）按图中尺寸分别将凹、凸件的外形加工界线划在毛坯料的两端，凹、凸件之间留出锯缝位置。

（4）锯削加工分割凹、凸件，并保证锯削面（45±0.31）mm 尺寸及表面粗糙度要求。

（5）先加工过凸件，锉削加工 $45_{-0.039}^{0}$ mm 达到要求。

（6）为保证凸件对称度，先锯除凸件右上角余量，并粗、精加工 $16_{-0.027}^{0}$ mm 及 $30_{-0.033}^{0}$ mm 尺寸的单边面达要求。

（7）锯除凸件左上角多余材料，并锉削粗、精加工 $16_{-0.027}^{0}$ mm 及 $30_{-0.033}^{0}$ mm 尺寸要求。

（8）加工凹件，先在凹件缺口底钻排孔，并锯除凹口位置大部分多余材料。

（9）粗加工凹件内孔三边，留 0.1 mm 精加工余量。

（10）修整凹件基准边，修复基准边的垂直度要求（因去除内孔材料后变形）。

（11）以凸件为基准件配作凹件达配合间隙及错位量要求。

（12）在凸、凹件配合状态下划出两方孔加工界线。

（13）加工凸件两 V 形口达（30±0.15）mm 尺寸及对称度小于 0.2 mm 要求。

（14）以凸件 V 形口为基准加工凹件两 V 形口，达位置度 0.10 mm 要求。

（15）全面检查各加工面，去毛刺、倒角并清洁工件。

3. 注意事项

（1）为保证件 1 的对称度，加工时应采用逐个角加工的方式进行，不要同时锯除两个角的多余材料，以免失去测量基准。

（2）此图的加工难点是两工件上 V 形口的加工，测量方式是关键，建议采用正弦规结合量块进行检测。

（3）加工时要注意检测两 V 形口组成的平面与工件大平面的垂直度，否则会影响工件配合后的位置度要求。

（4）件 2 上的锯削面应保留锯削痕迹，锯削后不能再用其他方式进行加工，否则此锯削位置配分全扣。

（九）实操试题 9—燕尾圆弧对配

1. 考核要点

（1）此零件主要是考核斜边的锉削配合及内、外圆弧的锉削配合加工，其中零件的检测也是难点。

（2）主要保证的锉削尺寸及角度有（40±0.02）mm（2 处）、（30±0.1）mm、（80±0.04）mm、60°±4′（2 处）、直线度公差 0.05、轮廓度公差 0.05、对称度公差 0.04 及 $8_{0}^{+0.1}$ mm。保证表面粗糙度 Ra1.6 μm（12 处），60°角表面粗糙度 Ra1.6 μm。

（3）锉配主要保证燕尾配合间隙≤0.04 mm、圆弧配合间隙≤0.04 mm。

（4）正确执行安全文明操作规程，做到正确使用设备及场地清洁，工件、工具、量具等摆放整齐。

2. 加工工艺步骤

（1）手锯下料 81 mm×41 mm×8 mm、41 mm×31 mm×8 mm 各一件，检查毛坯外形尺寸，确定有足够的加工余量。

（2）分别选择两个垂直的基准面作为划线基准，并锉削加工达平面度、垂直度≤0.02 mm 要求。

（3）按图中尺寸划出工件的外形加工界线、φ10H8 中心线，并打出样冲眼。

（4）先加工小件，去余料留 0.5 mm 锉削余量。

（5）锉削小件保证 R15 mm，圆弧度 0.05 mm，（80 + 0.10）mm，锉削 60°±4′，保证 22 mm，10 mm，（30 ± 0.10）mm，（40 ± 0.02）mm，对称度 0.04 mm。

（6）加工大件，先锉削（40 ± 0.02）mm，尺寸留 0.5 mm（双面）修配余量。

（7）锯割去余料单面留 0.5 mm 锉削余量。

（8）粗锉双面留 0.5 mm 锉配量。

（9）锉配，先锉配圆弧，保证配合间隙≤0.04 mm。

（10）锉削（80 ± 0.04）mm。

（11）锉配燕尾保证配合间隙≤0.04 mm。

（12）修配周边保证错位量≤0.06 mm。

（13）钻孔 φ9.8 mm，铰孔 φ10H8 mm，保证 30 mm，（30 ± 0.08）mm

（14）全面检查各加工面，去毛刺并清洁工件，自检合格后可交检。

3. 注意事项

（1）大件在去除内孔多余材料后，会引起材料的应力变形，使工件外围基准边发生变化（基准垂直度会变差），因此大件燕尾内孔粗加工后必须重新修整外围基准边。

（2）大件燕尾内孔斜边及凸圆弧的测量较为困难，为保证加工精度，除了可以小件为基准修配外，也可以事先做好一副测量样板来检测。

（十）实操试题 10—三四五方镶合套

1. 考核要点

（1）主要保证的锉削加工尺寸有 $22.52_{-0.033}^{0}$ mm、$35.35_{-0.039}^{0}$ mm、108°±4′ 及 $47.04_{-0.039}^{0}$ mm，锉削配合间隙≤0.04 mm，公差等级 IT8。

（2）锯配加工：要能够保证表面粗糙度 Ra3.2 μm 的要求。

（3）几何精度：0.03 ~ 0.04 mm。

（4）正确执行安全文明操作规程，做到正确使用设备及场地清洁，工件、工具、量具等摆放整齐。

2. 加工工艺步骤

（1）检查毛坯外形尺寸，确定有足够的加工余量。

（2）加工三角形体（用 30 mm×30 mm 料），粗细精锉一平面（平面度 0.02 mm）作为加工其他面的基准。

（3）锯削两斜面余料后交替粗、细锉两平面，留 0.2 mm 精加工余量

（4）加工过两 60°面（两面可交替锉削加工），保证尺寸 $22.52_{-0.033}^{0}$ mm。

（5）加工四方体（用55 mm×55 mm料），加工一组相互垂直且与大平面垂直的面作为基准。

（6）以加工垂直基准面为基准划外四边形和内三角形的加工界线。

（7）锯掉余料后粗、细、精锉外四边形，尺寸35.35$_{-0.039}^{0}$ mm。

（8）内三角形钻排料孔并去除余料后粗、细锉至划线线条，留0.2 mm锉配余量。

（9）加工五方体，检验出一合格平面（平面度0.02 mm）作为划线基准。

（10）加工五方体可按面1、面2、面3、面4、面5的顺序进行，如图3-2-2所示。在五方体中心位置冲样冲眼后，用ϕ10 mm钻头钻一工艺孔，细、精锉面1，控制面1到工艺孔的距离为（tan54°×47.04 mm）/2；粗、细、精锉面2、3、4、5，保持各面夹角在108°±4′的范围内，各面到工艺孔的距离与面1相同。

（11）加工内四方体：如图3-2-3所示，用ϕ12钻头在内四方体内对角钻孔（或用ϕ4 mm钻头钻排料孔），锯除内四方体余料，并粗、细锉至所划线条，留0.1～0.2 mm的锉配余量。

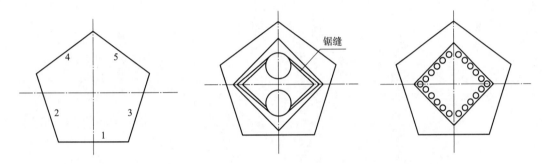

图3-2-2 五方体加工面序号   图3-2-3 内四方的去余料方法

（12）锉配三角形：把外三角形放在内三角形上进行锉配（应先锉一平面后在配角度面），用透光法检查。

（13）锉配四方体：将内四方体面1精锉至平面度0.02 mm，如图3-2-4所示；以外四方体面1′与内四方体面1相配合后为基准锉配内四方体面2，使内四方体面1、2与外四方体1′、2′相配，间隙小于或等于0.04 mm；以面1、2，面1′、2′相配后为基准锉配面3和面3′（此时应考虑面4的修配余量不能太小，面1与面3、面2与面3间应清角）；以面1、2、3和面1′、2′、3′相配后精锉面4，使凸四方体能较紧的塞入内四方体1 mm左右；检查各面间的配合情况并进行修整，使外四方体能在内四方体里顺利的推进和推出，并能转位互换且配合间隙小于或等于0.04 mm。

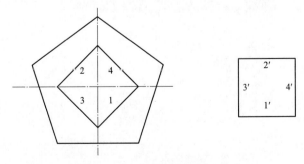

图3-2-4 四方体的锉配顺序图

（14）全面检查各加工面，去毛刺、倒角并清洁工件。

3. 注意事项

（1）因 $22.52_{-0.033}^{0}$ mm 无法准确直接测量，可采用如图 3-2-5 所示的测量方法；测量 $22.52_{-0.033}^{0}$ mm 时，三角形的 60° 角应锉准确，测量时圆柱棒的母线与三角形体的基准面应在同一个平面上。

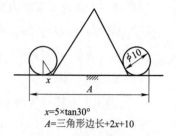

$x = 5 \times \tan 30°$

$A = $ 三角形边长 $+ 2x + 10$

图 3-2-5　边长测量示意图

（2）内三角形的 60° 角应锉准确，做一 60° 样板以辅助测量 60° 角，应先锉平行面，再锉垂直面。

（3）判断影响装配的部位要准确，锉配不能急于求成；锉配时应先配平行面，再配垂直面；为了保证配合要求，应先单方向修配，然后再转位修配；在修配过程中，基准件一般不允许再加工。

（4）零件各平面加工完后，要对各锐边进行倒角、去毛刺，以免影响尺寸的检测或配合间隙。

技术安全考核试题

姓名：　　　　　　　　班级：　　　　　　　　学号：

一、填空

1. 进入工作现场必须正确穿戴好（　　）、（　　）等劳保用品。

2. 使用锉刀、刮刀、錾子等工具，不得（　　）。

3. 使用砂轮机、磨光机时要戴（　　），严禁用力过猛。更换砂轮片时，要检查砂轮片质量的匹配情况，并（　　）。

4. 使用钢锯时，工件要（　　），用力要（　　）。

5. 使用台虎钳，工件要（　　），不得用（　　）加力或用手锤敲打（　　）。铲凿物件时，前方不准有人。

6. 修理一切机械设备时，要先停止设备的运转，同时切断设备的（　　），并挂上有明显标志的警告牌。

7. 设备试运行中要密切注意运转状态，如发现异声、异味或其他异常情况，应立即（　　）。

8. 用砂轮机进行磨削工作时，要站在砂轮机的（　　），并戴防护眼镜。

二、选择

1. 工作完毕后，所用过的工具要（　　）。

A. 检修　　　　　　B. 堆放　　　　　　C. 清理、涂油　　　　D. 交接

2. 为消除零件因偏重而引起振动，必须进行（　　）。

A. 平衡试验　　　　B. 水压试验　　　　C. 气压试验　　　　D. 密封试验

3. 操作钻床时不能戴（　　）。

A. 帽子　　　　　　B. 手套　　　　　　C. 眼镜　　　　　　D. 口罩

4. 钳工车间设备较少，工件摆放时要（　　）。

A. 整齐　　　　　　B. 放在工件架上　　C. 随便　　　　　　D. 混放

5. 手电钻装卸钻头时，按操作规程必须用（　　）。

A. 钥匙　　　　　　B. 榔头　　　　　　C. 铁棍　　　　　　D. 管钳

6. 钻床钻孔时，车未停稳不准（　　）。

A. 捏停钻夹头　　　B. 断电　　　　　　C. 离开太远　　　　D. 做其他工作

7. 下面（　　）不是装配工作要点。

A. 零件的清理、清洗　　　　　　　　　B. 边装配边检查

C. 试车前检查　　　　　　　　　　　　D. 喷涂、涂油、装管

8. 装配工艺（　　）的内容包括装配技术要求及检验方法。

A. 过程　　　　　　B. 规程　　　　　　C. 原则　　　　　　D. 方法

9. 转速高的大齿轮装在轴上后应作平衡检查，以免工作时产生（　　）。

A. 松动　　　　　　B. 脱落　　　　　　C. 振动　　　　　　D. 加剧磨损

10. 设备吊装时，（　　　）

A. 必须由起重工配合吊装　　　　　　　B. 自己小心吊装

C. 随意吊装　　　　　　　　　　　　　D. 与天车工配合吊装

三、判断

1. 遇到 6 级风以上的风天和霜、雾、雨天不能从事高处作业。（　　　）

2. 卷扬钢丝绳放出后，至少应留在卷筒上的安全圈数不得少于 3 圈。（　　　）

3. 进行高处作业前，班组长应对作业人员进行安全技术交底。（　　　）

4. 安全生产管理必须坚持"安全第一、预防为主、综合治理"的方针。（　　　）

5. 钢丝绳在破坏前，一般有断丝、断股预兆，容易检查、便于预防事故。（　　　）

6. 锤子可以当垫铁使用，打锤时不准戴手套，并要注意周围是否有人或障碍物。（　　　）

7. 检查设备内部，用任何照明物都可以，没有什么限制。（　　　）

8. 拆卸下的设备零、部件要放稳垫牢。（　　　）

9. 用抓具拆卸滚动轴承时，一定要先将部件用工具架设平稳，工具要抓顶在内套上。（　　　）

10. 不准在已吊起或顶起的设备下作业。如需作业必须在设备底部垫好枕木或坚固的支架。（　　　）

11. 工作前必须检查工作现场的安全情况，周围如有危险或障碍，应处理后再工作。（　　　）

第四部分 理论考核模块

《钳工技术》测试题（一）

试卷使用班级：

题号	一	二	三	四	五	六	总分
得分							

姓名：　　　　　　　　班级：　　　　　　　　学号：

一、填空（每空 0.5 分，共 25 分）

1. 进入施工现场必须正确穿戴好（　　）、（　　）等劳保用品。

2. 使用钢锯时，工件要（　　），用力要（　　）。

3. 如下图所示当精度为 0.02 mm 时，图示游标卡尺读数为（　　）。

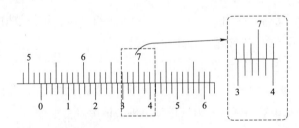

4. 锉刀的握法：右手握锉柄，将圆头端顶在（　　），大拇指压在锉刀柄的（　　），自然伸直，其余四指向手心弯曲紧握锉刀柄，左手压在锉刀的（　　），保持锉刀水平。使用不同大小的锉刀，有不同的（　　）及施力方式。

5. 锯条的安装要求：锯条安装时，锯齿应（　　）。锯条安装在锯弓上，应（　　）适当，一般用两手指的力能旋紧为止。锯条安装好后，不能有歪斜和扭曲，否则锯削时容易（　　）。

6. 锯削速度：20～40 次/min。锯削软材料时可以（　　）一点，锯削硬材料时要（　　）一点。

7. 操作钻床时不能戴（　　）。

8. 工作完毕后，所用过的工具要（　　）。

9. 如下图所示当精度为 0.02 mm 时，图示游标卡尺读数为（　　）。

10. 锯削时，锯弓做往返直线运动，左手扶在锯弓_____，向下_____，右手向前_____，用力要_____。返回时，锯条轻轻_____加工面，速度不宜_____，锯削开始和终了时，压力和速度均应_____。

11. 手动进钻时，进给力不宜_____，放置钻头发生弯曲，使孔歪斜。孔将钻穿时，进给力必须_____，以防止进给量突然过大，造成钻头折断发生事故。钻通孔时，零件底部应加_____。

12. 钻孔过程中如切屑过长，应及时抬起钻头实施_____。

13. 钻床变速应_____。

14. 如下图所示当精度为 2′ 时，图示角度尺读数为_____° +_____′ =_____°_____′

15. 切屑用量的三要素分别是_____、_____、_____。

16. 应当注意，工件的加工精度不能完全由_____确定，而应该在加工过程中通过_____来保证。锉削时切忌_____加工，"线"是零件外形加工界限的_____，实际加工时务必以_____为准。

17. 清除锉齿中的锉屑时，应用_____顺着齿纹刷拭，不得敲拍锉刀去屑。

18. 顺向锉是锉刀沿长度方向锉削，一般用于最后的_____。交叉锉是先沿一个方向锉一层，然后再转_____°锉平，常用于_____加工，以便尽快切去较多的余量。当工件表面已基本锉平时，可用_____以推锉法进行修光。推锉法尤其适合于加工_____表面，以及用顺向锉法锉刀推进受阻碍的情况。

19. 万能角度尺按游标的测量精度分为_____′和_____′两种，钳工常用的测量精度为_____′。

20. 工件的直线度、平面度可用刀口尺根据是否_____来检查。

二、看图填空（每空 0.5 分 共 18 分）

1.

工具名称：（   ）

2.

工具名称：（   ）

3.

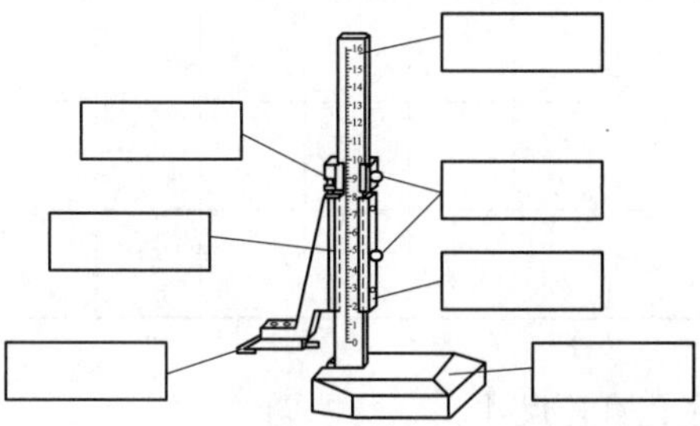

工具名称：（　　）

4.

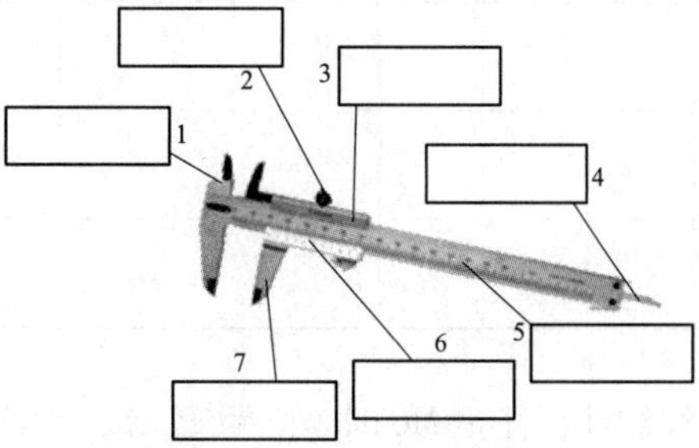

工具名称：（　　）测量精度：_____

5.

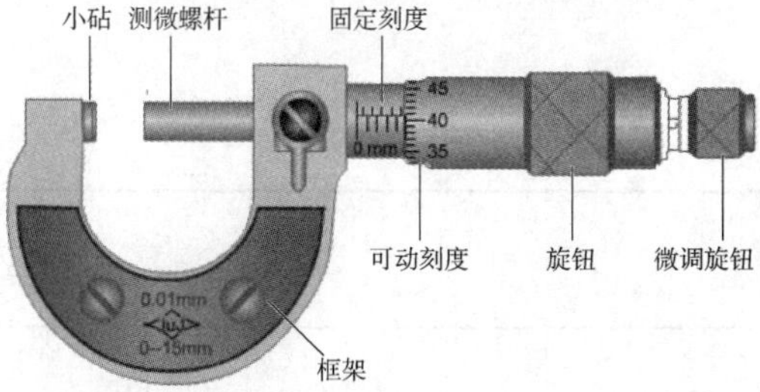

名称：_____　测量精度：_____

6.

名称：_____　测量精度：_____

三、请根据加工步骤合理选择锉刀的种类及锉削方法，并在选项的方框内打√。（8分）

序　号	步　骤	锉刀的选择	锉削方法的选用
1	粗加工	□粗锉　□中锉　□组锉	□顺向锉　□交叉锉　□推锉
2	精加工	□粗锉　□中锉　□组锉	□顺向锉　□交叉锉　□推锉
3	表面处理	□粗锉　□中锉□组锉	□顺向锉　□交叉锉　□推锉
4	去毛刺	□粗锉　□中锉　□组锉	□顺向锉　□逆向锉

四、简答（每题3分共24分）

1.5S指的是哪5点，各自的含义是什么？

2. 在《国家职业标准》中对钳工的分类进行了明确的说明，请回答钳工有哪几种？

3. 螺纹孔标注是 M6 时，螺距 $P = 1$，请计算底孔直径尺寸。

4. 游标高度尺的主要作用是什么？

5. 钳工加工螺纹时，若操作不当会引起丝锥在加工过程中折断，分析折断原因有哪些？

6. 写出螺纹孔的加工顺序和需要使用的主要工具。

7. 钳工基本操作内容有哪些？（写出 8 项内容）

8. 请写出工序与工艺的定义。

五、结合零件图，回答下面问题。（25 分）

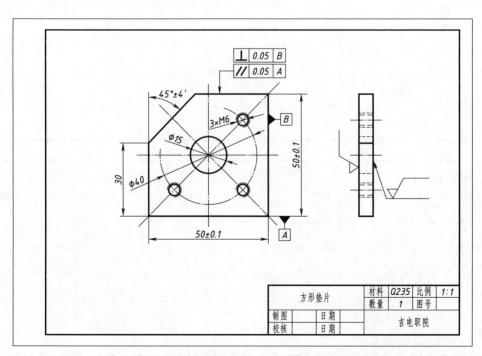

1. 根据图样写出物体的总长、总宽、总高的最大尺寸和最小尺寸。（2 分）

总长度最大尺寸 =　　　　　　　　　总长度最小尺寸 =

总高度最大尺寸 =　　　　　　　　　总高度最小尺寸 =

2. 写出形位公差的项目的名称及符号、几何公差值是多少、基准符号字母。（4分）

名称：_____　符号：_____　几何公差值：_____　基准符号字母：_____

名称：_____　符号：_____　几何公差值：_____　基准符号字母：_____

3. 解释几何公差的含义。（2分）

4. 写出钳工制作该零件的步骤和所使用到的工具及量具。（共17分）

（1）使用的工具（4分）

（2）使用的工具（4分）

（3）制作的步骤（9分）

《钳工技术》测试题（二）

试卷使用班级：

题号	一	二	三	四	五	六	总分
得分							

姓名： 班级： 学号：

一、填空（每空 0.5 分，共 31 分）

1. 使用锉刀、刮刀、錾子等工具，不得＿＿＿＿＿＿＿＿＿＿。

2. 使用钻床是不能带＿＿＿＿＿＿＿＿。

3. 如下图所示当精度为 0.02 mm 时，图示游标卡尺读数为＿＿＿＿＿＿＿。

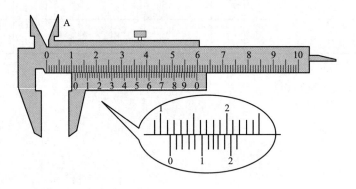

4. 结束钳工操作后，台虎钳的钳口应＿＿＿＿＿＿＿。手柄应保持＿＿＿＿＿＿＿。

5. 锯削时，锯弓作往返直线运动，左手扶在锯弓＿＿＿＿＿＿，向下＿＿＿＿＿＿，右手向前＿＿＿＿＿＿，用力要＿＿＿＿＿＿。返回时，锯条轻轻＿＿＿＿＿＿加工面，速度不宜＿＿＿＿＿＿，锯削开始和终了时，压力和速度均应＿＿＿＿＿＿。

6. 锯条应利用＿＿＿＿＿＿长度，即往返长度应不小于全长的＿＿＿＿＿＿，以免造成局部＿＿＿＿＿＿。锯缝如歪斜，不可强扭，可将工件翻转＿＿＿＿＿＿°重新起锯。

7. 工件的直线度、平面度可用刀口尺根据是否＿＿＿＿＿＿来检查。

8. 工件钻孔时应保证所钻孔的中心线与钻床工作台面＿＿＿＿＿＿。

9. 工件装夹时，要使孔中心垂直于＿＿＿＿＿＿，防止螺纹攻歪。

10. 用头锥攻螺纹时，先旋入 1 ~ 2 圈后，要检查丝锥是否与孔端面＿＿＿＿＿＿（可目测或用直角尺在互相垂直的两个方向检查）。当切削部分已切入工件后，每转 1 ~ 2 圈应反转＿＿＿＿＿＿圈，以便切屑断落；同时不能再施加压力（即只转动不加压），以免丝锥崩牙或攻出的螺纹齿较瘦。攻钢件上的内螺纹，要加机油＿＿＿＿＿＿。

11. 请填写（a）图所示设备各部分名称。

12. 如（b）图所示，当测量的角度在 0 ~ 50° 范围内时，图示读数为＿＿＿＿＿＿。

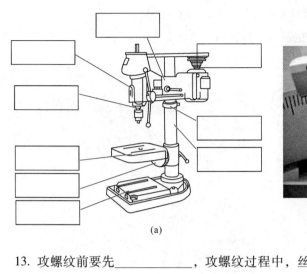

(a)

此刻度对齐

(b)

13. 攻螺纹前要先_____，攻螺纹过程中，丝锥牙齿对材料既有切削作用还有一定的_____作用，所以一般钻孔直径 D 略_____螺纹的内径。

14. 钳工实训中的 5S 包括：_____、_____、_____、_____、_____。

15. 写出万能角度尺能测量的角度范围：_____、_____、_____、_____。

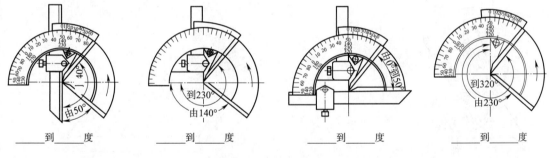

_____到_____度　　_____到_____度　　_____到_____度　　_____到_____度

16. 锯条应利用_____长度，即往返长度应不小于全长的_____，以免造成局部_____。锯缝如歪斜，不可强扭，可将工件翻转_____°重新起锯。

17. 手动进钻时，进给力不宜_____，放置钻头发生弯曲，使孔歪斜。孔将钻穿时，进给力必须_____，以防止进给量突然过大，造成钻头折断发生事故。钻通孔时，零件底部应加_____。

18. 划线结束后，应使用_____确认划线的准确性。

19. 划线分为_____和_____。

20. 锯割工件将断时，压力要_____，避免压力过大使工件突然断开，手向前冲造成事故。

二、判断题（在括号内打"√"或"×"）(5分)

1. 清除锉齿中的铁屑时，应用钢丝刷顺着齿纹刷拭，不得敲拍锉刀去屑。（　　）

2. 清除加工表面的铁屑，可以用手擦或用嘴吹。（　　）

3. 锉刀不能重叠堆放在一起，也不得与量具混放在一起。（　　）

4. 锉削的姿势与锯削的姿势基本相同。（　　）

5. 天气炎热，有的同学穿着 T 恤和拖鞋来到钳工车间，准备上课。（　　）

三、请说明以下图示分别为哪项钳工的基本操作（每空 0.5 分　共 4 分）

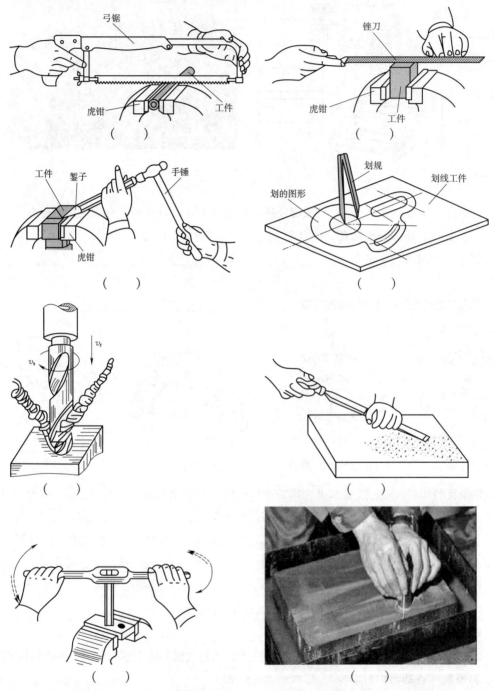

（　　）　　　　　　　　（　　）

（　　）　　　　　　　　（　　）

（　　）　　　　　　　　（　　）

（　　）　　　　　　　　（　　）

四、单项选择题：（共 10 分，每题 1 分）

1. 下列不属于常见划线工具的是（　　）。

（A）划针　　　　　（B）游标卡尺　　　　　（C）V 形铁　　　　　（D）高度游标尺

2. 高度游标尺是划线与测量结合体的精密划线工具，由主尺、副尺、划线脚组成，一般精度约（　　）mm。

（A）0.02　　　　　（B）0.05　　　　　（C）0.01　　　　　（D）0.5

3. 安装锯条时锯齿应（　　），安装后锯条不应过紧或过松。

（A）朝后　　　　　（B）朝前　　　　　（C）朝上　　　　　（D）朝下

4. 用锉刀对工件表面进行的切削加工称为（　　）。

（A）锉削　　　　　（B）锯削　　　　　（C）錾销　　　　　（D）钻孔

5. 平锉、方锉、圆锉、半圆锉和三角锉属于（　　）。

（A）特种锉　　　　（B）什锦锉　　　　（C）普通锉　　　　（D）整形锉

6. 锯路可使工件上的锯缝宽度大于锯条背部的（　　）。

（A）宽度　　　　　（B）深度　　　　　（C）长度

7. 锉削时，若锉刀柄已经裂开，应（　　）。

（A）继续使用　　　（B）小心使用　　　（C）停止使用　　　（D）随意使用

8. 锉削时，锉屑应（　　）。

（A）用刷子刷掉　　（B）用嘴吹　　　　（C）用手擦　　　　（D）随意

9. 锯削时，工件一般夹在台虎钳的（　　）不应伸出钳口太长。

（A）左边　　　　　（B）右边　　　　　（C）侧面　　　　　（D）随意

10. 读出右图所示千分尺所示尺寸（　　）。

（A）6.30　　　　　（B）6.25　　　　　（C）6.28　　　　　（D）6.78

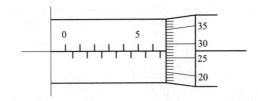

五、简答题（每题4分共28分）

1. 请分析右图中存在的安全违规问题，并进行正确说明。

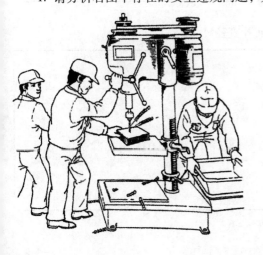

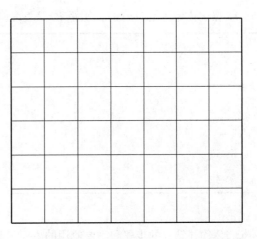

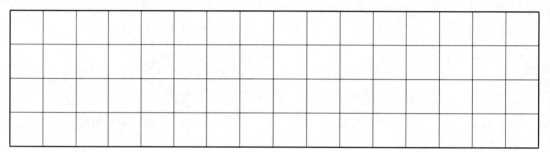

2. 锉削时常用台虎钳来夹紧工件，而工件夹持的正确与否直接影响锉削质量，请说明用台虎钳夹持工件时要符合哪些要求？

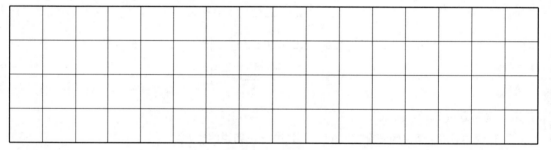

3. 锉刀的种类有哪些？请将相应的用途进行说明。

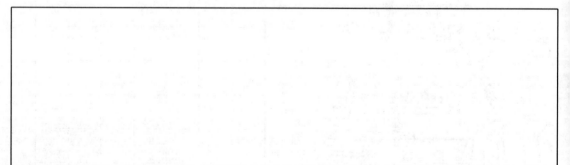

4. 螺纹孔标注是 M20 时，螺距 $P = 2.5$，请计算底孔直径尺寸。

5. 请简述钻孔的步骤和需要使用的主要工具。

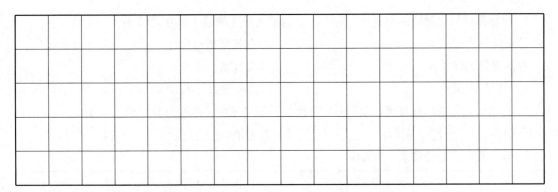

6. 请描述工艺和工序的区别。

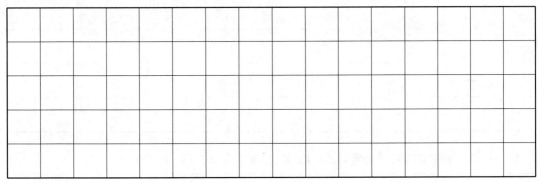

7. 请简述锉削方法及应用场合。

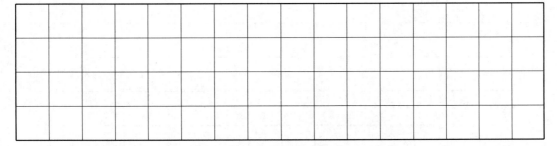

六、结合下图，回答下面问题。（22分）

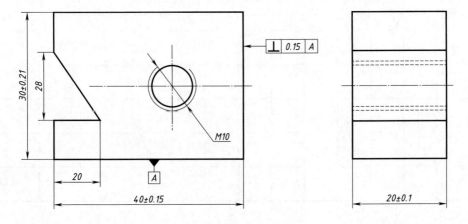

1. 根据图样写出物体的总长、总宽、总高的最大尺寸和最小尺寸。（3 分）

总长度最大尺寸 =   总长度最小尺寸 =

总高度最大尺寸 =   总高度最小尺寸 =

总宽度最大尺寸 =   总宽度最小尺寸 =

2. 写出形位公差的项目名称及符号、几何公差值是多少、基准符号字母。（2 分）

名称：＿＿＿＿＿＿　符号：＿＿＿＿＿＿　几何公差值：＿＿＿＿＿＿　基准符号字母：

3. 解释几何公差的含义。（1 分）

4. 写出钳工制作该零件的步骤和所使用到的工具及量具。（共 16 分）

使用的工具（4 分）

使用的量具（4 分）

制作的步骤（8分）

第五部分　作业模块

《钳工技术》作业1

班级：＿＿＿＿＿＿　　姓名：＿＿＿＿＿＿　　学号：＿＿＿＿＿＿　　日期：＿＿＿＿＿＿

1. 5S 的内容是什么？（规范书写）

2. 什么是钳工？钳工都有哪些基本操作？（规范书写）

3. 请对比以下两幅图，并指出危险预知图中的危险之处。

没有封罩→卷进去
不戴保护眼镜→切屑物飞入眼中
粗线白手套→卷进去
卷裤腿→切屑进入卷伤
按角→碰伤
入地面切屑→打滑、伤害
▲：表示极度危险　△：表示一般危险

《钳工技术》作业2

班级：_____ 姓名：_____ 学号：_____ 日期：_____

1. 将台虎钳的各部分名称填至下图指定方框中。（规范书写）

2. 锉刀的选用原则（规范书写）

3. 锉刀的正确握法（规范书写）

4. 锉削的姿势（规范书写）

《钳工技术》作业3

班级：_____　　姓名：_____　　学号：_____　　日期：_____

1. 将手锯的各部分名称填至指定方框中。（规范书写）

2. 锯路、锯路的形状？（规范书写）

3. 起锯的方式及如何起锯？（规范书写）

4. 锯条粗细的选择原则？（规范书写）

《钳工技术》作业4

班级：_____ 姓名：_____ 学号：_____ 日期：_____

1. 认识划线工具：请将下列图形与对应的名称及作用进行连线。

划针　　　圆规

15°~20°

规划　　　铅笔

画板

60°

平台　　　定心

2. 划线的基准工具有什么？（规范书写）

3. 划线的夹持工具有什么？（规范书写）

4. 划线的直接绘划工具有什么？（规范书写）

《钳工技术》作业5

班级：_____　　姓名：_____　　学号：_____　　日期：_____

1. 熟识游标卡尺：请将游标卡尺各部分名称填至右侧方格中。

1						
2						
3						
4						
5						
6						
7						

2. 游标卡尺的读数方法？（规范书写）

3. 游标卡尺的正确使用及日常保养的内容是什么？

《钳工技术》作业6

班级：＿＿＿＿＿　　姓名：＿＿＿＿＿　　学号：＿＿＿＿＿　　日期：＿＿＿＿＿

1. 平面锉削的方法是什么？（规范书写）

2. 平面锉削质量的检验方法是什么？（规范书写）

3. 请仔细观察下列图中大小不同的平锉，试说明粗齿、中齿及细齿锉刀的应用场合。

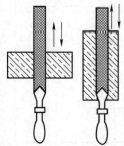

4. 简述基本锉削方法。（见下图）

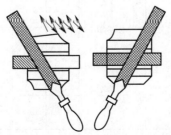 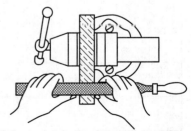

《钳工技术》作业7

班级：_____　　姓名：_____　　学号：_____　　日期：_____

1. 万能角度尺的角度测量范围数值填写。

____到____度　　____到____度　　____到____度　　____到____度

2. 万能角度尺 0～320°角度尺测量范围组合。（规范书写）

(1)											
(2)											
(3)											
(4)											

3. 万能角度尺的刻线原理。（规范书写）

4. 万能角度尺的正确使用及日常保养。（规范书写）

《钳工技术》作业8

班级：_____　　姓名：_____　　学号：_____　　日期：_____

1. 台式钻床：请将正确的名称填至下图方框内。

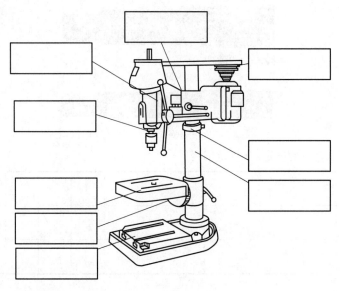

2. 下图所示钻头各部分的作用是什么？（规范书写）

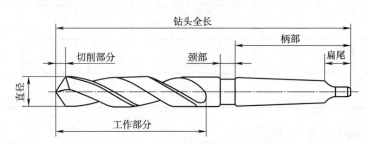

(1)	柄		部	:											
(2)	工	作	部	分	:										

《钳工技术》作业9

班级：_____　　　姓名：_____　　　学号：_____　　　日期：_____

1. 攻螺纹前底孔直径的确定。（规范书写）

2. 攻螺纹前底孔深度的确定。（规范书写）

3. 螺纹底孔倒角的作用。（规范书写）

4. 攻螺纹的操作要点及注意事项。（规范书写）

《钳工技术》作业10

班级：_____　　姓名：_____　　学号：_____　　日期：_____

钳工技术实训学习总结。（规范书写）

《钳工技术》作业11

姓名：_____　　　　班级：_____　　　　学号：_____

1. 划线的作用是什么？

2. 划线的种类有什么？

《钳工技术》作业 12

姓名：_____　　　　班级：_____　　　　学号：_____

割锯

1. 锯路、锯路的形状。

2. 锯条粗细的选择原则。

3. 起锯的方式及如何起锯。

《钳工技术》作业13

姓名：＿＿＿＿＿＿＿　　　　**班级：**＿＿＿＿＿＿＿　　　　**学号：**＿＿＿＿＿＿＿

1. 钻头的各部分作用是什么？

(1)	柄	部	:									

(2)	工	作	部	分	:							

2. 钻孔及其操作过程是什么？

《钳工技术》作业14

姓名：_____　　　　班级：_____　　　　学号：_____

一、填空题

1. 锉刀的种类有哪些？请将相应的用途进行说明。

_____

_____

_____

_____

_____

_____

2. 锉刀的握法：右手握锉柄，将圆头端顶在_____，大拇指压在锉刀柄的_____，自然伸直，其余四指向手心弯曲紧握锉刀柄，左手压在锉刀的_____，保持锉刀水平。使用不同大小的锉刀，有不同的_____及施力方式。

3. 顺向锉是锉刀沿长度方向锉削，一般用于最后的_____。交叉锉是先沿一个方向锉一层，然后再转_____°锉平，常用于_____加工，以便尽快切去较多的余量。当工件表面已基本锉平时，可用_____以推锉法进行修光。推锉法尤其适合于加工_____表面，以及用顺向锉法锉刀推进受阻碍的情况。

4. 锉削时常用台虎钳来夹紧工件，而工件夹持的正确与否直接影响锉削质量，请说明用台虎钳夹持工件时要符合_____要求。

5. 工件的直线度、平面度可用刀口尺根据是否_____来检查。

二、判断题

1. 清除锉齿中的锉屑时，应用钢丝刷顺着齿纹刷拭，不得敲拍锉刀去屑。（　　）

2. 清除加工表面的铁屑，可以用手擦或用嘴吹。（　　）

3. 锉刀不可重叠堆放在一起，也不得与量具混放在一起。（　　）

4. 锉削的姿势与锯削的姿势基本相同。（　　）

《钳工技术》作业 15

姓名：_____　　　　班级：_____　　　　学号：_____

划线的工具及其用法：按用途不同划线工具分为基准工具、支承装夹工具、直接绘划工具。

1. 基准工具

2. 夹持工具

3. 直接绘划工具

《钳工技术》作业16

姓名：_____ 班级：_____ 学号：_____

1. 锉刀的选用

2. 锉刀的握法

3. 锉削的姿势

《钳工技术》作业 17

姓名：_____　　　　班级：_____　　　　学号：_____

平面的锉削方法及锉削质量检验。

1. 平面锉削

2. 锉削平面质量的检查

《钳工技术》作业18

姓名：_____   班级：_____   学号：_____

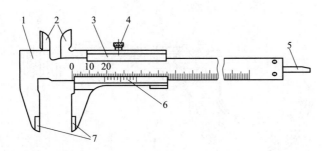

1—尺身；2—上量抓；3—尺框；4—紧固螺钉；5—测深量杆；6—游标；7—下量爪

1. 读数方法（可分三步）

2. 游标卡尺的正确使用及日常保养

《钳工技术》作业19

姓名：_____   班级：_____   学号：_____

1—尺架；2—固定测砧；3—测微螺杆；4—螺纹轴套；5—固定套管；6—微分筒；7—调节螺母；8—弹性套；
9—测力装置；10—锁紧装置；11—隔热装置

1. 千分尺的读数方法

2. 外径千分尺正确使用及日常保养

《钳工技术》作业20

姓名：_____　　　　班级：_____　　　　学号：_____

由0°到50°

到140°

由50°

到230°
由140°

到320°
由230°

1. 0～320°角度尺测量范围（组合）

2. 万能角度尺的正确使用及日常保养

《钳工技术》作业21

姓名：_____　　　　班级：_____　　　　学号：_____

扩孔与铰孔

1. 扩孔的概念

2. 铰孔的概念

3. 铰孔的注意事项

《钳工技术》作业 22

姓名：_____   班级：_____   学号：_____

1. 看零件图的方法与步骤

2. 机械加工的工艺概念

《钳工技术》作业23

姓名：_____   班级：_____   学号：_____

1. 设计基准

2. 工艺基准